葡萄酒：上帝的眼泪

Grape Wine: The Tears of God

吕芳　编著

中国社会科学出版社

图书在版编目（CIP）数据

葡萄酒：上帝的眼泪 / 吕芳编著 . —北京：中国社会科学出版社，2011. 12
ISBN 978-7-5161-0021-9

Ⅰ . ①葡…　Ⅱ . ①吕…　Ⅲ . ①葡萄酒—基本知识　Ⅳ . ① TS262. 6

中国版本图书馆 CIP 数据核字（2011）第 171111 号

出版策划　任　明
责任编辑　曲弘梅
责任校对　李　莉
技术编辑　李　建

出版发行　中国社会科学出版社

社　　址　北京鼓楼西大街甲 158 号　　　　　邮　编　100720
电　　话　010 — 84029450(邮购)
网　　址　http://www.csspw.cn
经　　销　新华书店
印　　刷　北京君升印刷有限公司　　　　　装　订　广增装订厂
版　　次　2011 年 12 月第 1 版　　　　　　印　次　2011 年 12 月第 1 次印刷
开　　本　710×1000　1/16
印　　张　20　　　　　　　　　　　　　　　插　页　2
字　　数　325 千字
定　　价　60.00 元

序

Xiu fang LV, nous fait rentrer dans l'univers des vins étrangers avec passion。

通过阅读吕芳的作品我们热情洋溢的步入了洋酒的世界，陶醉其中。

Le vin est la clé d'un art de vivre que la France et la Chine ne demandent qu'à partager.Ce livre est un véritable trait d'union entre la vigne et l'Empire du Milieu.

葡萄酒是中法两国共同分享的生活方式，这本书为中国文化和外国葡萄酒文化建立了纽带。

Bonne lecture à tous

Catherine ETCHART（艾夏琳）

Beijing Managing Director

总经理

Sopexa China

法国食品协会

目　录

第一篇　葡萄酒的前生今世

有这样一种神奇而浪漫的饮品，它的香让你沉醉，它的味让你痴迷，它的流动，让你狂野。它伴随着人类文明一起发展，是世界传统文化中必不可缺的一部分，它就是能够带给人们美妙享受的葡萄酒。葡萄酒的文化历史悠久，就连葡萄树比人类还早一步出现在这块大陆上。我们闭上眼睛试着遐想：在一万年前的新石器时代，树林里生长着野生的葡萄。和其他植物一样周而复始的繁衍着，春天开花，秋天结果，葡萄果粒成熟后自然落到地上，果皮破裂，渗出的果汁与空气中的酵母菌接触后，意义上的葡萄酒就产生了。我们的远祖偶尔尝到这自然的美味，兴奋不已，开始了采集野生葡萄果实模仿大自然生物本能的酿酒过程，来进行天然的葡萄酒酿造。从此酒的起源便从自然酒过渡到人工造酒的过程。

猿酒的传说

传说有一只猴咬碎水果，然后吐在树杈的凹陷处，放置几天使其发酵，然后乐而饮之。听起来好似荒唐，但这些不同时代、不同人的记载，起码可以说明这样一个事实：最早的酒，应是落地野果自然发酵而成的，是天工的造化。在人类文明尚未出现以前，自然酒已经在地球上出现了。在我们的祖先尚为猿的时代，就已经和酒产生了关系。

关于葡萄酒的起源说法不一，目前多数历史学家认为葡萄的最早栽培，大约是在公元前 7000 年前始于南高加索、中亚细亚、叙利亚、伊拉克等地区。公元前 6000 年古代的波斯（即今伊朗）是最早酿造葡萄酒的国家。由于当时这一地区气候温和土地肥沃，所以附近原始各部族人，纷纷迁移至此定居。在绿树成阴的山丘地带种植葡萄，酿造葡萄酒。从而葡萄栽培和葡萄酒酿造随着迁徙、战争等原因日渐向远方流传。相传葡萄酒是因为一个偶然的机会

在波斯古国诞生的。

美妙的"毒药"

在古波斯有一位叫贾姆西德的国王,他非常喜欢吃葡萄,总是把吃不完的葡萄密封在一个罐中,并写上"毒药"字样以防他人偷吃,久之,葡萄便自发酿成了酒。不料这个罐子却被他的一个妃子发现,当时那个曾集万千宠爱于一身的妃子,已被打入冷宫,往日的恩宠和繁华已逝,心灰意冷的她看见是"毒药",便喝了下去,只求速死。喝下去之后却只觉得那半透明的绛红色液体在口舌中、心肺间游走,孕出微香,竟是前所未有的恬然陶醉。便将其献与国王,深得国王欢心,又再度受宠。此后这美好的"毒药"——葡萄酒便流传四方,初至埃及,后到希腊。一直流传到五大洲。

苏美尔人，葡萄酒世界的一笔重彩

考古学家在叙利亚发现了大约公元 8000 年前的挤榨果物的压榨器和葡萄种子，但这些是否曾用于酿造葡萄酒，还没有定论。根据后来出土的物品和历史情况来看，把最早酿造葡萄酒的荣誉献给两河流域的苏美尔人似乎是最妥当的。苏美尔人是在两河流域的美索不达米亚平原发展起来的，是西亚最早的文明，早在公元前 4300 年前的苏美尔国王乌鲁卡基那，在美索不达米亚地区留下的楔形文字中就已经有了"栽培葡萄"的记载。在苏美尔人的楔形文字里把葡萄树称为"生命之树"。在格鲁吉亚考古发现的四五千年前的巨大陶制酒坛，当地人直到今天还在使用，他们习惯把葡萄放入酒坛中封好后埋入地下发酵。但可惜的是这一地区地形平坦，气候炎热并且干旱，不适宜种植葡萄。后来酿酒技术传入尼罗河到波斯湾一带河谷的辽阔农作区域。

把葡萄视为"生命之树"的埃及

古埃及也是世界四大文明古国之一，现今发现的大量遗迹遗物证明，公元前 3000 年以前的埃及人，就已经开始饮用葡萄酒了。很有意思的是，在埃及，葡萄酒的记载竟然比葡萄树的记载更早地出现在历史遗物和遗迹当中。在埃及古土国开始前的遗物中就曾发现过表面刻有"葡萄酒"字样的酒壶。埃及陵墓里有很多关于葡萄酒历史的痕迹。纸莎草画、陵墓壁画、小罐、陶俑、浮雕等数不胜数的保存完好的遗物都提供了真实的佐证。我们在历史遗留的绘画作品中可以清楚地看到当时的人们把采摘下来的葡萄果实放入桶里，光脚踩踏压碎葡萄，然后再将葡萄汁封进酒坛发酵制成了最初的葡萄酒的全过程，最后，酿好的葡萄酒通常会装船经尼罗河运走进行贸易。埃及人和苏美尔人一样把葡萄树视为"生命之树"，认为葡萄酒是神灵的恩赐，因而也把葡萄酒尊为神享用的饮料。随着古代的战争和商业活动，葡萄酒酿造的方法从埃及传到希腊。

希腊——人神同喝一口酒

　　欧洲最早开始种植葡萄并进行葡萄酒酿造的国家是希腊。公元前 2000
多年前，一些航海家从尼罗河三角洲带回葡萄和酿酒的技术到希腊的克里特
岛，逐渐遍及希腊及其诸海岛。古希腊爱琴海盆地有十分发达的农业，人们
以种植小麦、大麦、油橄榄和葡萄为主。大部分葡萄果实用于酿酒，剩余的
制干。古希腊人把收获下来的葡萄串收集在篮子里，在空气中放 15 天，前
10 天放在日光下，后 5 天放在阴凉里。然后榨出葡萄汁，在大桶中使其发酵。
再从大桶中把葡萄酒倒入酒瓶储藏起来。古希腊每年都出口大量的葡萄酒。
几乎每个希腊人都有饮用葡萄酒的习惯。酿制的葡萄酒被装在一种特殊形状
的陶罐里，用于储存和贸易运输。在美锡人时期（公元前 1600—1100 年），
希腊的葡萄种植已经很兴盛，希腊人成了葡萄酒的俘虏，他们专心于葡萄酒，
并把葡萄酒培育成了自己的东西，培养了自己的味觉。演奏出了古代葡萄酒
时代最后一幕高潮。希腊葡萄酒的贸易范围到达埃及、叙利亚、黑海地区、
西西里岛和意大利南部地区。

　　葡萄酒不仅是希腊贸易的货物，也是希腊宗教仪式的一部分，早在公元
前 7 世纪，古希腊就有了"大酒神节"。每年 3 月为表示对酒神狄奥尼索斯
的敬意，都要在雅典举行这项活动。人们在筵席上为祭祝酒神狄奥尼索斯所
唱的即兴歌，称为"酒神赞歌"。

酒神狄奥尼索斯

　　古希腊神话里的酒神狄奥尼索斯是葡萄酒与狂欢之神，也是古希腊的艺
术之神。他是宙斯神与西姆莱女神在离奇的情况下所生的儿子。他教人类种
植葡萄、酿制葡萄酒，成了著名的酒神，成为人们心中的偶像，人们供奉他。
狄奥尼索斯喜欢端着酒置身于女祭司们的喧闹之中。希腊人认为他是盛典节
日之时的保护神。在罗马他又转变成巴克斯，成为罗马后期的酒神。最终成
了众人喜爱的幸福之神。

　　公元前 6 世纪，希腊人把葡萄通过马赛港传入高卢（现在的法国），并
将葡萄栽培和葡萄酒酿造技术传给了高卢人。在公元 1 世纪时葡萄树遍布整

个罗讷河谷；2 世纪时葡萄树遍布整个勃艮第和波尔多；3 世纪时已扩抵卢瓦尔河谷；最后在 4 世纪时出现在香槟区。原本非常喜爱大麦啤酒和蜂蜜酒的高卢人很快爱上了葡萄酒，并且成为杰出的葡萄果农。由于他们所产的葡萄酒在罗马大受欢迎，使得罗马皇帝杜密逊下令拔除高卢一半的葡萄树以保证罗马本地的葡萄果农利益。

　　葡萄酒是罗马文化中不可分割的一部分，曾为罗马帝国的经济做出了巨大的贡献。公元前 9 到 8 世纪时，希腊的群山中到处是葡萄酒的清香，希腊的人们终日沉浸在葡萄酒的幸福之中，而此时的邻居意大利还不知道酒为何物。终于到了公元前 750 年，罗慕路斯兄弟建立了罗马帝国。虽然在罗慕路斯建国后二百年里葡萄酒都受到严格的限制，葡萄酒的酿造星星点点，但人们已经开始喜欢上了葡萄酒。公元前 121 年，罗马人一手控制了地中海地区，从此罗马人的每日晚餐也开始被葡萄酒的芬芳所围绕。他们终于上升为同希腊一样的葡萄酒民族了。随着罗马帝国势力的慢慢扩张，葡萄和葡萄酒又迅速传遍法国东部、西班牙、英国南部、德国莱茵河流域和多瑙河东等地区，继而传遍了全欧洲。

公元 4 世纪初罗马皇帝君士坦丁正式公开承认基督教，在弥撒典礼中需要用到葡萄酒，这也助长了葡萄树的栽种。葡萄酒在中世纪的发展得益于基督教会。《圣经》中 521 次提及葡萄酒。耶稣在最后的晚餐上说"面包是我的肉，葡萄酒是我的血"，基督教把葡萄酒视为圣血，教会人员把葡萄种植和葡萄酒酿造作为工作。葡萄酒随传教士的足迹传遍世界。

古希腊人和罗马人有他们的葡萄酒神，希伯来人则有自己的有关葡萄和葡萄酒的传说。《圣经》中认为诺亚是最早开始酿造葡萄酒的人。这个故事发生在公元前 2337 年，但葡萄酒酿造的时间不会那么晚。

诺亚醉酒

诺亚是亚当与夏娃无数子孙中的一个男人，十分虔诚地信奉上帝，他也就成了后来人的始祖。当上帝发现世上出现了邪恶和贪婪后，决定在地球上发一场大洪水，来清除所有罪恶的生灵。诺亚遵循主的旨意，挑选地球上的植物（他挑选的植物就是葡萄）、动物种各一对雌雄，带着自己的 3 个儿子（西姆、可汗和迦费特），登上了自制的木船，即著名的诺亚方舟。经过 150 天的洪水淹没后，在第 7 个月零 17 天，方舟被搁在了阿拉特山上（土耳其东部，亚美尼亚共和国与伊朗交界的边境地区）。此后，诺亚开始耕作土地，并种下了第一株葡萄苗,后来又着手酿酒。一天，他一人在帐篷里独自开怀畅饮,烂醉如泥。他的儿子可汗发现诺亚赤身裸体的醉躺在地上后，叫来了西姆和迦费特，后两人拿着长袍，倒退着进帐篷背着脸给父亲盖上，没有看父亲裸露的身体。诺亚酒醒后，就诅咒可汗，要神让可汗的儿子迦南一族做迦费特家族的奴隶。

到公元 15、16 世纪，欧洲最好的葡萄酒被认为就出产在这些修道院中，在这期间葡萄栽培和葡萄酒酿造技术传入南非、澳大利亚、新西兰、日本、朝鲜和美洲等地。

西多会

1112 年，一个名叫伯纳·杜方丹的修道士带领 304 个信徒从克吕尼修

道院叛逃到勃艮第的葡萄产区的科尔多省，位于博恩北部，西托境内一个新建的小寺院，建立起西多会。西多会的戒律十分残酷，修道士的平均寿命为28岁，其戒律的主要内容就是要求修道士们在废弃的葡萄园里砸石头，用舌头尝土壤的滋味。在伯纳德死后，西多会的势力扩大到科尔多省的公区酿制葡萄酒，进而遍布欧洲各地的400多个修道院。西多会的修道士们可以说是中世纪的葡萄酒酿制专家。在葡萄酒的酿造技术上，西多会的修士正是欧洲传统酿酒灵性的源泉。大约13世纪，随着西多会的兴旺，遍及欧洲各地的西多会修道院的葡萄酒赢得了越来越高的声誉。

　　哥伦布发现新大陆后，西班牙和葡萄牙的殖民者、传教士在16世纪将欧洲的葡萄品种带到南美洲，在墨西哥、加利福尼亚半岛和亚利山那等地

栽种。后来，英国人试图将葡萄栽培技术传入美洲大西洋沿岸，可惜的是，美洲东岸的气候不适合栽种葡萄，尽管作了多次努力，但由于根瘤蚜、霜霉病和白粉病的侵袭以及这一地区气候条件的影响，使这里的葡萄栽培失败了。到19世纪中期，有人利用嫁接的技术将欧洲葡萄品种植在美洲葡萄植株上，利用美洲葡萄的免疫力来抵抗根瘤蚜的病虫害。至此美洲和美国的葡萄酒业才逐渐发展起来，现在南北美洲都有葡萄酒生产，著名的葡萄酒产区有阿根廷、加利福尼亚与墨西哥等地。

17、18世纪前后，法国便开始雄霸整个葡萄酒王国，波尔多和勃艮第两大产区的葡萄酒始终是两大梁柱，代表了两个主要不同类型的高级葡萄酒：波尔多的厚实和勃艮第的优雅，并成为酿制葡萄酒的基本准绳。然而这两大产区，产量有限，并不能满足全世界所需。于是在第二次世界大战后的六七十年代开始，一些酒厂和酿酒师便开始在全世界找寻适合的土壤、相似的气候来种植优质的葡萄品种，研发及改进酿造技术，使整个世界的葡萄酒事业兴旺起来。尤以美国、澳洲采用现代科技、市场开发技巧，开创了今天多彩多姿的葡萄酒世界潮流。以全球划分而言，基本上分为新世界及旧世界两种。新世界代表的是由欧洲向外开发后的酒，如：美国、澳洲、智利及阿根廷等葡萄酒新兴国家。而旧世界代表则是以有百年以上酿酒历史的欧洲国家为主，如：法国、德国、意大利、西班牙和葡萄牙等国家。

相比之下，欧洲种植葡萄的传统更加悠久，绝大多数葡萄栽培和酿酒技术都诞生在欧洲。除此之外，新、旧世界的根本差别在于："新世界"的葡萄酒倾向于工业化生产，而"旧世界"的葡萄酒更倾向于手工酿制。手工酿出来的酒，是一个手工艺人劳动的结晶，而工业产品是工艺流程的产物，是一个被大量复制的标准化产品。

目前为止，葡萄酒产量仍是欧洲最多，其中又以意大利为世界第一。每年都有大量葡萄酒出口到法国、德国和美国，出口量居世界首位。

葡萄酒起源及传播路线图

葡萄酒的最初起源地在东方，是"多个中心"：包括地中海东岸以及小亚细亚、南高加索等地区，主要涵盖叙利亚、土耳其、格鲁吉亚、亚美尼亚、伊朗等国家。

葡萄酒的"后起源中心"：大致在欧洲和北美，北美又主要包括美国、墨西哥等国家。而葡萄、葡萄酒"起源中心"为伊朗。

传播路线：一般被认为是由外高加索地区传到土耳其与美索不达米亚，然后再由腓尼基人与希腊人将葡萄带往西欧。后来随着新大陆的发现而传播到世界各地。

　　随着古代的战争和商业活动，葡萄酒酿造的方法传遍了以色列、叙利亚、小亚细亚等阿拉伯国家。由于阿拉伯国家信奉伊斯兰教，伊斯兰教提倡禁酒律，因而使阿拉伯国家的酿酒行业日渐衰萎。后来葡萄酒酿造的方法，从波斯、埃及传到希腊、罗马、高卢（即今法国）及欧洲各国。

　　追根溯源并不是一件容易的事，到现在，葡萄酒专家也不能确定最早的葡萄酒究竟是什么时候诞生的，但庆幸的是，葡萄酒诞生了。

第二篇　让你爱上葡萄酒

　　葡萄酒是上帝赐给人类的可以享受的美妙的液体，你的眼睛可以欣赏它迷人的色泽，鼻子可以闻到它的芬芳，嘴巴可以享受它的醇美味道，碰杯时可以听到它在高脚杯里荡漾悦耳的声音。当工作累了的时候，斟一杯葡萄酒，让浓郁的香气洗涤你疲惫的身心；如果心情很糟糕时，斟一杯红酒，鲜红的颜色让你顿悟世间犹如春天一样姹紫嫣红，酸涩的味道让你明白人生并非一帆风顺，释然所有的坏心情。

　　品味葡萄酒是一种生活的艺术，是一种充满生活乐趣的享受。有人说，

一串葡萄是美丽、静止与纯洁的，但它只是水果而已；一旦压榨后，它就变成了一种"动物"，因为它变成酒以后，就有了动物的生命。盛在杯中的仿佛不再是液体，而是流动着的温润华丽的生命。因此人们在品味葡萄酒时也赋予它拟人化的温馨格调，葡萄酒不但是人与人交流的媒介，同时还是人们理解生活、享受生活的富有生命力和优美灵魂的使者。

有希腊作家这样说："快给我一杯葡萄酒，它会促进我的思维，让我说出一些聪明的话"；有拉丁美洲谚语这样说："每天喝一杯葡萄酒的人，能活得更老"；有外国化学家这样说："无葡萄酒的一餐，犹如无阳光的一日。"而今我们会发自内心说出这样的感言："爱上葡萄酒就等于爱上一种时尚品位生活。"

葡萄酒让你成功出位

随着国际交往活动的增加，企业家、政务人员和各界人士应多掌握一些国际社交知识。丰富的社交知识不仅能够表现自身的社会地位，而且有助于与外国人友人沟通。葡萄酒是其中的一项，在欧美国家，葡萄酒是一种无声的重要社交语言。掌握这种社交语言，能让你在各种场合成功出位。因此掌握一些实用的葡萄酒礼仪对商务人士或是政务人员来说便显得尤为重要。

香槟的优雅，白葡萄酒的透彻，红葡萄酒的丰富……你知道不同的酒应该出现在怎样的场合？

商务宴会上，拿一杯人人向往的阿尔萨斯地区白葡萄酒，顿显身价的不同。展现给人的感觉——经典而优雅。

休闲度假，脱离城市的喧嚣，尽情享受充足的夏日阳光和宁静大海，一杯简单清淡的桃红葡萄酒是少不了的。饮一杯圆润的桃红葡萄酒，令你整个人的风格如同桃红葡萄酒般，悠闲浪漫、轻松宜人。

在朋友聚会的时候选用一款酒，完全是因为它的色泽和口感十分吻合朋友聚会的氛围。同时和朋友聚会时你所早现出的个性十足又不张扬的原则呼应得恰到好处。

客户应酬，作为东道主的你要选哪款酒？答案当然是波尔多红酒。波尔多是法国最著名的红酒产区，手持波尔多红酒，自然会散发一种轻松自在、

精致时髦的法式贵族气质，与客户交谈时风度翩翩的优雅气度则更容易使人接受。

　　周末约会，在电影上常有这样的片断，英国绅士在法国餐厅点餐时，一张口点的准是夏布利白葡萄酒。约会的时候，在不经意地点一款夏布利酒，一份经典的法国鹅肝酱，再讲述这一段勃艮第典故，相信你一定会成为女伴倾慕的对象。

　　经典晚会，一杯细腻的香槟，一口美味的鱼子酱，这正是party中最为经典的搭配。一款酩悦香槟在手，营造出独特的优雅风格与时尚品位，让你再度成为party中的明星。

喝红酒给你 N 个健康的理由

提起红酒，就会和浪漫联系起来，诱人的色泽、幽幽的醇香，澎湃的激情。除此之外，红酒跟其他酒类有着不同之处就是，为了健康喝红酒。它能让你在享受甘露的同时还能喝出健康来。

葡萄酒，法国女人吃不胖的秘密

瘦身似乎是每位女性终身为之奋斗的目标。法国女人是世界上最有魅力的女性，她们干练、性感，最重要的是她们拥有诱人的身材。让她们吃不胖的秘密就是葡萄酒。葡萄酒中含有丰富的维生素 B 族，特别是能促进体内糖代谢的维生素 B1，以及能促进新陈代谢的类黄酮和硫化物，使葡萄酒有加速体内热量消耗的作用，能在不过分减少营养摄取的前提下达到减肥的效果。葡萄酒还有减少体内水肿的功效。因为红酒含有丰富的铁质，加上酒精本身具有活血暖身的作用，从而可以有效减少身体内水分的堆积，使浮肿赘肉得到有效消减。

葡萄酒接触得越多，味蕾就越能分辨出它的细腻，口感也就越好，这样不间断的饮用很容易让你沉迷其中，特别是有了减肥这个借口时。

葡萄酒，驻颜有术

葡萄酒让女人痴迷的原因还有它的驻颜功能，经常饮用红葡萄酒能防衰抗老，能让你的皮肤细腻、润泽而富有弹性。葡萄酒中含有各种维生素，如维生素 C、维生素 E 及微量元素硒、锌、锰等，其中维生素 B12 能促进红血细胞成熟，有一定的补血作用；让人体衰老的是氧自由基，皮肤容易过敏或皮肤表面比较粗糙就是皮肤细胞正在氧化的表现。红葡萄酒中含有较多的抗氧化剂，如酚化物、鞣酸、黄酮类物质，并与维生素 C、维生素 E 协同作用，对抗氧自由基。从而能够抑制皮肤表面的氧化。而且在氧化了的皮肤剥落后，多酚能阻止皮肤继续氧化，有助于肌肤再生，让皮肤变得光滑水嫩。

除饮用外，红葡萄酒还可以外搽于面部及身体，使皮肤少生皱纹，因为低浓度的果酸有抗皱洁肤的作用。

红酒能通经活络

按照中医的说法，女性痛经多由血运行不畅或气血亏虚所致。葡萄酒味辛甘性温，辛能散能行，对寒湿凝滞的痛经症，可以散寒祛湿，活血通经；甘温能补能缓，对气血虚弱而致的痛经，又能起到温阳补血的作用。

红酒，人体的营养源

红酒中的诸多成分为人体提供了丰富的营养来源，我们来一一细数：

热能热量和脂肪是维持人体正常新陈代谢的两大元素。干红葡萄酒热值相当于牛奶的热值。1 升 10P 的干红葡萄酒的热值为 560 千卡。

氨基酸有 8 种氨基酸是人体自身不能合成的，被称为人体"必需氨基酸"。无论在葡萄还是在葡萄酒中，都含有这 8 种"必需氨基酸"。所以我们可以把葡萄酒称为"天然氨基酸饮品"，在红葡萄酒中，这 8 种氨基酸的含量与人体血液中的含量非常接近，可有效补充人体的需要。

　　矿物质葡萄酒中含有的矿物质包括"微量元素"（如铁、锌、铜、锰、碘、铬等）和钙、镁、磷等，也都是人体所需的营养物质。

　　维生素葡萄酒中还含有多种 B 族维生素以及维生素 C 和维生素 P 等人体所需的营养成分。

葡萄酒的其他功效

1. 预防心脑问题

　　葡萄酒能提高血液中高密度脂蛋白的浓度。而高浓度脂蛋白可以将血液中的胆固醇运入肝内并在那里进行胆固醇胆酸转化，防止胆固醇沉积于血管内壁，从而防治动脉硬化。葡萄酒中的原花色素对心血管病的防治起着重要作用。在动脉管壁中，原花色素能够稳定构成各种膜的胶原纤维，能抑制住氨酸脱羧酶，避免产生过多的能降低管壁透性的组胺，防止动脉硬化。

2. 健康肠胃

　　葡萄酒中含有糖、氨基酸、维生素、矿物质。这些都是人体必不可少的营养素。它可以不经过预先消化，直接被人体吸收；葡萄酒能刺激胃酸分泌胃液，每 60—100 克葡萄酒能使胃液分泌增加 120 毫升，甜白葡萄酒含有山梨醇，有助消化、防止便秘的功效。红葡萄酒中的单宁，可以增加肠道肌肉系统中的平滑肌纤维的收缩性。有调节结肠的功能，对结肠炎有一定的疗效；葡萄酒是唯一的碱性酒精性饮品，可以中和现代人每天吃下的鱼、肉以及米面类酸性食物，促进消化。

3. 利尿消肿

　　白葡萄酒中，酒石酸钾、硫酸钾、氧化钾含量较高，具利尿作用，可防止水肿和维持体内酸碱平衡。

4. 缩减入睡时间

　　葡萄酒中含有睡眠辅助激素——褪黑素。褪黑素是大脑中松果腺分泌的物质，可以帮助调节睡眠周期，有助于治疗失眠。

5. 预防癌症

葡萄酒中含有白藜芦醇，这种成分可以防止正常细胞癌变，并能抑制癌细胞的扩散。是预防癌症的理想饮品。

6. 隔离感冒

适当喝点红酒不但可以预防感冒，还可以治疗感冒。红酒中有一种化合物可以抑制单纯性疱疹病毒的复制，从而有效地减轻感冒带来的不适。

7. 预防大脑老化

葡萄酒是各种次有机物的组合：植物甾醇类、皂缀糖、葡萄苷和萜等使葡萄酒成为生物活性物质。抗氧化剂可降低患阿耳茨海默氏症（早老性痴呆症）的风险，并有助于治疗早期老年性痴呆症。

从葡萄到酒的生命历程

一串葡萄原本是静止的，是纯洁的，一旦它成为一杯红酒，那它就拥有

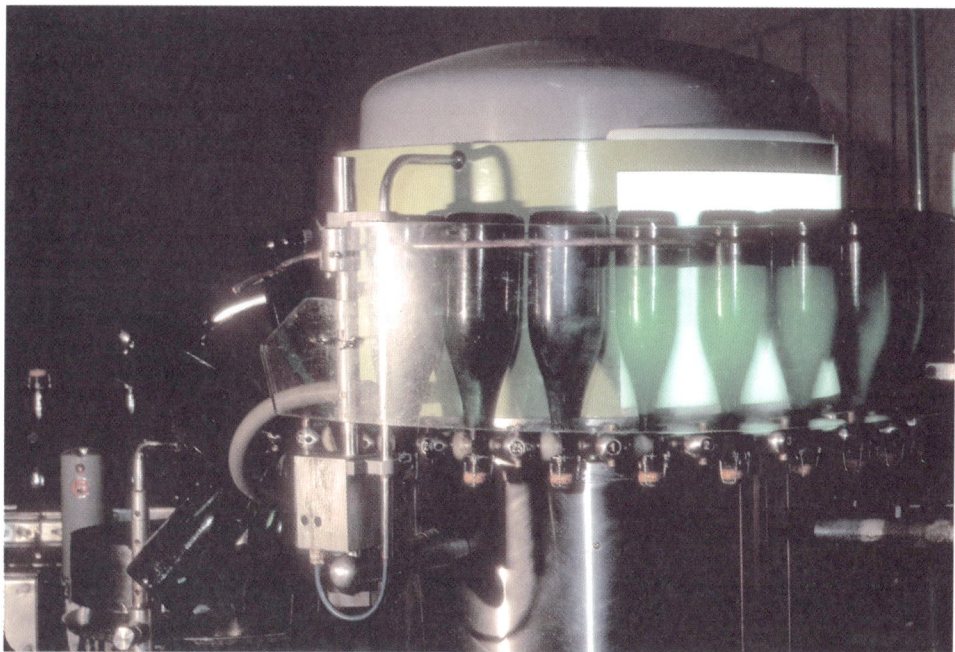

了生命。一颗葡萄成为一杯玉液琼浆，中间经历一个质的变化，一次真正的升华。葡萄酒的酿造过程是无数颗优质葡萄的生命历程，不同的葡萄品种，经过不同的酿酒师的创造，呈现出不同液体。酿酒是一个让人情绪高亢的过程。

葡萄的结构

在了解葡萄酒酿造工艺前，我们先看一下葡萄的结构吧。一串葡萄由果柄和果粒构成。果粒又分为果皮、果肉和果核三部分。

1.果柄

含有成分：单宁、纤维素、矿物质。

酒体结构会因在浸泡期间是否有果柄的加入而产生很大差异。但这仅针对红葡萄酒，因为大部分白葡萄酒不需要浸泡，但也有部分酿酒师为了增加某些白葡萄品种的香味而进行短暂浸泡。

2.果粒

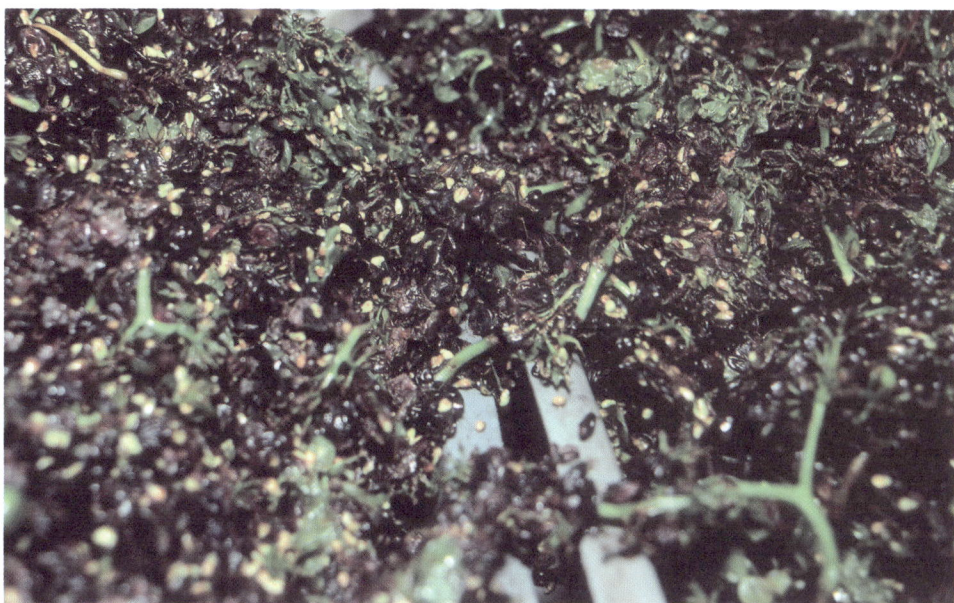

1）果皮

含有成分：酵母、色素、单宁、香味。

葡萄皮上含有一层很薄的酵母，它在发酵过程中起重要作用。果皮中含有的花色素（anthocyane）为红葡萄酒提供颜色，黄酮（flavone）为白葡萄酒提供颜色。葡萄酒颜色的深浅很大程度取决于果皮浸泡时间的长短和压榨程度的强弱。对于某些葡萄品种，如雷司令（riesling）、慕思加（muscat）果皮内含有丰富的香味物质。

2）果肉

含有成分：70%—80%的水、糖分、酸。

葡萄绿色未成熟时糖分含量很少，随着果皮颜色的加深，糖分开始逐渐累积，最多可达每天4g—5g，平均每17g糖可转化为一度酒精。果肉中含有的酸是葡萄酒酿造过程中一个非常重要的物质，分为酒石酸、果酸和柠檬酸。

3）果核

含有成分：单宁、油类。

在压榨过程中应尽量不要将果核压碎。

白葡萄酒的酿造过程

白葡萄酒——上帝的眼泪，它精彩的一生就是从这个神话故事开始的。

1. 采收

白葡萄比较容易被氧化，采收时必须尽量小心保持果粒完整，以免影响品质。

2. 破皮

采收后的葡萄必须尽快进行榨汁，白葡萄通常会先进行破皮程序，有时也会去梗。

发酵前低温浸皮制造法：葡萄皮中富含香味分子，传统的白酒酿制法为直接榨汁，尽量避免释出皮中的物质，大部分存于皮中的香味分子都无法溶入酒中。近年来发现发酵前进行短暂的浸皮过程可增加葡萄品种原有的新鲜果香，同时还可使白酒的口感更浓郁圆润。但为了避免释出太多单宁等多酚类物质，浸皮的过程必须在发酵前低温下短暂进行，同时破皮的程度也要适中。

3. 榨汁

为了不将葡萄皮、梗和籽中的单宁和油脂榨出，压榨时压力必须温和平均，而且要适当翻动葡萄渣。

从榨汁机里流出的第一批葡萄汁，味道最醇美，香气最纯正。这一批葡萄汁中的大部分在未施压之前就已经流出来了，属于自然流出。所以最上等的酒都是由第一批即"自然流出"的葡萄汁制成的。

4. 澄清

传统的沉淀法。随着压榨的进行，从葡萄衣中会释放出较多的苦味，要保证葡萄酒对健康无害，应该去除葡萄汁中像豌豆汤一样的、黄绿色的、不透明的、有甜味的液体。在冷冻的大容器中放置过夜，静静沉淀，而大量生产的较便宜的白葡萄酒，速度非常重要，通常用离心方法除渣。

5. 橡木桶发酵

传统白酒发酵是在橡木桶中进行的，由于容量小散热快，虽无先进的冷却设备，控温效果却相当好。此外，在发酵过程中橡木桶的木香、香草香等气味会溶入葡萄酒中使酒香更丰富。一般清淡的白酒并不太适合此种方法，而且成本相当高。

6. 酒槽发酵

白酒发酵必须缓慢以保留葡萄原有的香味，而且可使发酵后的香味更加

细腻。为了让发酵缓慢进行，温度必须控制在 18℃—20℃之间。

7. 橡木桶培养

橡木桶中发酵后死亡的酵母会沉淀于桶底，酿酒工人会定时搅拌让死酵母和酒混合，此法可使酒变得更圆润。由于桶壁会渗入微量的空气，所以经过桶中培养的白酒颜色较为金黄，香味更趋成熟。

8. 酒槽培养

白葡萄酒发酵完之后还需经过乳酸发酵等程序，使酒变得更稳定。由于白酒比较脆弱，培养的过程必须在密封的酒槽中，进行乳酸发酵。乳酸发酵之后会减弱白酒的新鲜酒香以及酸味，一些以新鲜果香和高酸度为特性的白葡萄酒会特意以加二氧化硫或低温处理的方法抑制乳酸发酵。

9. 装瓶前的澄清

装瓶前，酒中有时还会含有死酵母和葡萄碎屑等杂质，必须去除。常用的方法有换桶、过滤法、离心分离器和皂土过滤法等。每种酒在装瓶前都要经过一定时间的酿藏，或在惰性容器中放几个星期，或在酒桶中再放一段时间，最后是装瓶。

红葡萄酒的酿造工艺

从采摘那一刻起，有关红酒的一个浪漫又复杂的过程就开始了。清清纯纯之美到红色略带香草味道的初显成熟的魅力，最后到红宝石般的绚丽。

1. 采收

当葡萄完全成熟以后，人们开始采收葡萄。采收最好的时间是中午阳光充足的时候，那样可以保证葡萄上没有露水而保持葡萄完好的成熟度和糖酸比例。如果采收季节遇到下雨，那将是葡萄的灾难，也是葡萄酒的灾难。因为每一滴雨水都可能在短时间内降低葡萄的糖分，从而降低葡萄的质量。采收时尽量小心翼翼而不使葡萄果粒破损，破损的葡萄会很快腐烂影响酒的口感。

2. 破皮去梗

红葡萄酒的颜色和口味结构主要来自葡萄皮中的红色素和单宁等，所以必须先使葡萄果粒破裂而释放出果汁，让葡萄汁液能和皮接触，以释放出这些多酚类的物质。葡萄梗的单宁较强劲，通常会除去，有些酒厂为了加强单宁的强度会留下一部分葡萄梗。在很多关于葡萄酒的影片里我们都可以看到破碎葡萄的情景，人们在一个大桶里踩葡萄，可以视为最原始的葡萄秀了。

直到今天，还有不少地方在采收葡萄的季节里，举行这样的踩葡萄活动，以庆祝丰收和酿酒的开始。虽然大规模的生产，都有专业的机器设备进行压榨，但人们依然向往传统的手工压榨的情趣，这就给葡萄酒的诞生从一开始就注入了浪漫和快乐的元素。

3. 浸皮与发酵

完成破皮去梗后，葡萄汁和皮会一起放入酒槽中，一边发酵一边浸皮。传统多使用无封口的橡木酒槽，现多使用自动控温不锈钢酒槽，较高的温度会加深酒的颜色，但过高（超过 32℃）却会杀死酵母并丧失葡萄酒的新鲜果香，所以温度的控制必须适度。这个时间要经过 5—7 天，其间要不断地搅拌，使葡萄汁与葡萄皮尽可能完全的融合，浸皮的时间越长，释入酒中的多酚类物质、香味物质、矿物质等就越浓。当发酵完，浸皮达到需要的程度后，即可把酒槽中液体的部分导引到其他酒槽，此部分的葡萄酒称为初酒。

如果要生产新鲜的果香型红葡萄酒，需要在一部分葡萄果粒内进行发酵。这样只要将部分的葡萄果粒破碎，保留 20％—30% 的整粒葡萄。这种发酵方法，由于二氧化碳的浸取作用，使葡萄皮中的芳香物质更多地释放出来。

用此法制成的葡萄酒具有颜色鲜明、果香宜人（香蕉、樱桃酒等）、单宁含量低容易入口等特性，常被用来制造适合年轻人饮用的清淡型红葡萄酒，如法国宝祖利 (Beaujolais) 出产的新酒，原理上制造的特点是将完整的葡萄串放入充满二氧化碳的酒槽中数天，然后再榨汁发酵。事实上，由于压力的关系很难全部保持完整的葡萄串，会有部分被挤破的葡萄开始发酵除了能生产出具有特性的酒之外，这种酿造法还可让乳酸发酵提早完成。

4. 榨汁与后发酵

主发酵完成后，立即进行皮渣分离，把自流汁合并到干净的容器里，满罐存贮。由于主发酵生产的葡萄原酒，其中的酵母菌还将继续进行酒精发酵，使其残糖进一步降低。这个时候的原酒中残留有口味比较尖酸的苹果酸，必须进行后发酵过程，也叫苹果酸—乳酸发酵过程。这个过程须在保持 20℃—25℃ 的条件下，经过 30 天左右才能完成，除去葡萄酒中所有的微生物。才称得上名副其实的红葡萄酒。

5. 橡木桶中的培养

每一种葡萄酒，发酵刚结束时，口味都比较酸涩、生硬，为新酒。为了使新酒经过贮藏陈酿，逐渐成熟，口味变得柔和、舒顺，达到最佳饮用质量，几乎所有高品质的红酒都要经橡木桶的培养。此过程对红酒比对白酒更重要。因为橡木桶不仅补充红酒的香味，同时提供适度的氧气使酒圆润和谐。培养时间的长短依据酒的结构、橡木桶的大小新旧而定，通常不会超过两年。

6. 酒槽中的培养

红葡萄酒培养的过程主要为了提高稳定性、使酒成熟，口味和谐等，乳酸发酵、换桶、短暂透气等都是不可少的程序。包括酒槽培养。

7. 澄清

红酒是否清澈跟酒的品质没有太大的关系，除非是因为细菌感染使酒浑浊。但为了美观，或使酒结构更稳定，通常还是会进行澄清的程序。酿酒师可依所需选择适当的澄清法。

8. 装瓶

最后的工序都结束之后，我们就可以装瓶了，装瓶后美酒完成了质的变化，已经从葡萄完成了酒的蜕变。在瓶中后美酒与木塞还会继续通过空气运动，达到从青涩到成熟的成长阶段，然后等待懂酒的你来品尝美酒！

气泡酒的酿造过程

价格看似便宜的气泡酒，其酿造过程的精致与繁复一点也不逊于任何大牌酒类，在经历了 9 次华丽转生后，才能幻化成味蕾的喜悦享受。

1. 采收

红白葡萄都适合制造气泡酒，但必须非常注意保持葡萄的完整，一定要人工采收。

2. 榨汁

为了避免葡萄汁氧化及释出红葡萄的颜色，气泡酒通常都是直接使用完整的葡萄串榨汁，压力必须非常的轻柔。香槟区传统的垂直大面积榨汁机的榨汁效果非常好，但速度比气囊式要慢。

3. 发酵

与白酒的发酵一样，须低温缓慢进行。

4. 培养

须先进行酒质的稳定，并去除沉淀杂质，如去酒石酸化盐、乳酸发酵、澄清等等才能在瓶中二次发酵。在二次发酵前，酿酒师常会混合不同产区和年份的葡萄酒以调配出所需的口味。

5. 澄清

澄清方法与白、红葡萄酒类似。

6. 添加糖分

酒精发酵的过程会产生二氧化碳，气泡酒的原理即在酿好的酒中加入糖和酵母，在封闭的容器中进行第二次酒精发酵，发酵过程产生的二氧化碳被密闭在瓶中成为酒中气泡的来源。

7-1. 瓶中二次发酵及培养

此种方法称为香槟区制造法，为避免和真正的香槟酒混淆，现已改称传统制造法。添加糖和酵母的葡萄酒装入瓶中后即开始二次发酵，发酵温度必须很低，气泡和酒香才会细致，约维持在 10℃ 左右最佳。发酵结束之后，死掉的酵母会沉淀在瓶底，然后进行数月或数年的瓶中培养。

7-2. 酒槽中二次发酵法

传统瓶中二次发酵的生产成本很高，价格较低廉的气泡酒只好在封闭的酒槽中进行二次发酵，将二氧化碳保留在槽中，去除沉渣后即可装瓶，比传统制造法经济许多。此法又称为查马法（Method Charmat），品质不如瓶中发酵细致。

8. 人工摇瓶

瓶中发酵后沉淀于瓶底的死酵母等杂质必须从瓶中除去。香槟区的传统是由摇瓶工人每日旋转（1/8 圈）且抬高倒插于人字形架上的瓶子。约三星期后，所有的沉积物会完全堆积到瓶口，此时即可开瓶去除酒渣。

9. 机器摇瓶

为了加速摇瓶过程及减少费用，已有多种摇瓶机器可以代替人工进行摇瓶的工作。

10. 开瓶去除酒渣

为了自瓶口除去沉淀物而不影响气泡，动作必须非常熟练才能胜任。较现代的方法是将瓶口插入 − 30℃的盐水中让瓶口的酒渣冻成冰块，然后再开瓶利用瓶中的压力把冰块推出瓶外。

11. 补充和加糖

去酒渣的过程会损失一小部分的气泡酒，必须再补充，同时还要依不同甜度的气泡酒加入不同分量的糖，例如半干型（Demisec）则介于 33 克 / 升和 50 克 / 升之间。

12. 装瓶

这是最后一道程序了，都由机械来完成。

新旧世界哪个是你的最爱

　　现代人喝酒常常会先分这葡萄酒是来自"新世界"或"旧世界"的，旧世界是葡萄栽植的首要地区。最主要的核心地区是法国、意大利、西班牙，其酿酒过程完全依循传统古法。新世界包含智利、阿根廷、澳洲、加州、南非。而这些葡萄产区是 14 世纪起由探险家或传教士所建立。

　　新世界的葡萄酒多位于温热的气候，具有丰富的水果风味和香气；而旧世界的葡萄酒则较为温和内敛、细致，复杂的香气，多元的风味。新旧世界的根本区别在于："新世界"的葡萄酒倾向于工业化生产，而"旧世界"的葡萄酒更倾向于手工酿制。手工酿出来的酒，是手工艺人劳动的结晶，而工业产品是工艺流程的产物，是一个被大量复制的标准化产品。

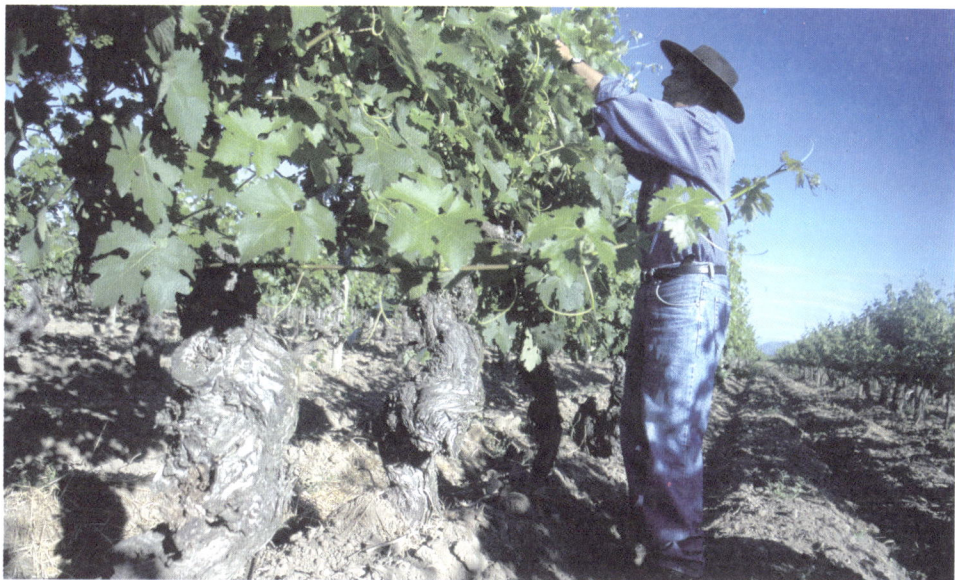

中规中矩的"旧世界"

酿酒历史悠久而又注重传统的"旧世界"，必须遵循政府的法规酿酒，从葡萄种植到包装营销等各个环节，有着详尽而牢不可破的规矩。每个葡萄园有固定的葡萄产量，产区分级制度严苛，用来酿制贩卖的葡萄酒更只能是法定品种。

因为处处受法规的检验，"旧世界"葡萄酒的质量才一直深受大众肯定与喜爱。

素有"红酒圣地"之称的法国，被公认为世上最优秀的产区有波尔多、勃艮第、薄酒莱、香槟区等著名产区。每个产区都有代表品种，所酿制的葡萄酒风情也大相径庭。波尔多所产的红葡萄酒多是以卡本内苏维浓、梅洛、卡本内弗朗等葡萄品种混合酿制而成，酒质大多可以陈年；勃艮第的葡萄酒主要以单一葡萄品种酿制而成，白葡萄以夏多内为主，红葡萄则以黑皮诺为主；香槟区产的香槟，大多是混合黑皮诺、皮诺莫尼耶（Meunier）、夏多内所酿成的，但也有的只用夏多内白葡萄品种酿制，一般称为"de Blancs"（白中白）。"旧世界"葡萄的酿造师注重一瓶酒中蕴含的传统和经验。

思维活跃的"新世界"

为了超脱"旧世界"不可逾越的规矩，以美国、澳洲、南非为首的"新世界"产区，栽种各式品种的葡萄，发展出一套不同于"旧世界"的生产技术，酿造自己心中理想的葡萄酒。

"新世界"葡萄酒产区无特定的分级制度，葡萄品种可以自由混搭酿造，大多以市场口味为导向，并以物美价廉的策略，抢占"旧世界"葡萄酒的市场。

澳洲酒的发迹，法国隆河谷地的希哈葡萄功不可没，该葡萄品种的浓重果香附带复合香料味的特色，在澳洲更被发扬光大。

由于澳洲葡萄酒酿造业者大量采取乳酸发酵，因此其红酒果香四溢、酒体饱满；而白酒除了热带水果香气外，更有明显的浓稠奶油香。

另外，澳洲酒常出现混合品种所酿制的酒，最常见的就是希哈跟卡本内苏维浓的混合，酒标上也会清楚标示出来。

然而现今这样典型的差异却越来越少，因现代化葡萄种植及酿造法的发展，"旧世界"葡萄酒喝起来也会像"新世界"的酒一般的圆润丰美。反之，"新世界"的酒厂也常常学习"旧世界"的造酒技术。所以，"新旧世界"葡萄酒的风味差异将日益模糊。

第三篇　关于品酒那些事

　　品酒是一门学问，也是一种艺术。许多人将自己归类为永远无法欣赏葡萄酒的那一群。买酒、点酒的工作全交给别人代劳。的确，世界上是有一部分人，不管给他吃喝什么，味觉反应都没有太大的不同，但是，大部分的人经过简易的解说，都可以开始欣赏葡萄酒。你可以放心的大声说出你对每一种酒的好恶，因为满足自己的口感，本来就是天经地义的事，无须跟随别人的好恶。

　　亚洲人学品酒的确较西方人难些，一方面碍于语言的障碍，另一个重要原因是，亚洲没有栽种葡萄的悠久历史，也就没有自然演进的话题。生活在高楼林立的都市和生活在酒乡的人，自然存在对酒敏感度的差异。不同的季节，纳帕（Napa）空气中散发着不同阶段的酿酒味，用不着出门探访酒庄，就知道他们在装瓶。这些当地的事物都是用不着研究的学问，而是直接感受。而不像我们要抱着厚厚的书啃读。

专业品酒知多少

手拿晶莹剔透的水晶杯子，看着玫瑰色的酒汁慢慢地沿着杯壁往下流，透出凝脂般迷人的光泽，随着酒杯的旋晃，扬起酒香，你屏住呼吸凑上去，舒张肺腑深深地吸一口淡淡的芬芳，再三细闻；然后你轻轻地啜上一小口含在嘴里，让细腻滑爽的甘露在唇齿和舌间颠来荡去，迷漫在口腔的醇香，纵然入喉后仍余味绕口，让人低首回味不已。这就是品酒的瞬间过程。

专业品酒分作五个基本步骤，分别是观色、摇晃、闻酒、品尝和回味。随着岁月的流逝，白葡萄酒的色泽会逐渐加深，红葡萄酒则相反，由鲜亮紫色变为红李子色再变为红棕色直至红褐色。品酒者轻摇杯中酒，以便最大限度地释放出酒的独特香气，此时酒从杯壁均匀流下的速度越慢，则酒质越好。闻香前，最好先呼吸一下室外的新鲜空气，之后品鉴的准确率便会大大"提升"。品尝时应当使葡萄酒充满品酒者的口腔和舌头两侧，以便充分感受葡萄酒的协调、醇和、清冽、细腻、丰满、绵延和纯正。

葡萄酒品尝，对于葡萄酒爱好者来说是一件神秘的事情，尤其是那些刚刚对葡萄酒产生兴趣的人，看到"摇头晃脑"的专家们对着酒杯，滔滔不绝地谈论着似曾相识又很陌生的"洋词儿"，更是一头雾水，多半还没来得及仔细了解就已经被吓跑了。慢慢的，爱好者积累了一些对葡萄酒的认知，才开始试图勘破那层神秘。很多爱好者为不能练就这样的功夫、把握不了那些神秘而晦涩的词汇而苦恼。

当葡萄酒含在你的口中，你就是在品评它，当你表达了你的感受，这就是你的评价,葡萄酒品尝是一个个性化的体验过程。显然,对于一瓶酒的评价，由于受到不同的品评者口味取向以及品评的阅历不同影响，他们能够感受到的结果往往是不同的，但是对于具体的某个人饮酒，自己的感受当然永远是正确的。如果你是为了自己而品尝，大可不必在乎别人说什么。但是，如果你想在品尝之后与别人进行交流，那么就需要一些规则、规范，否则可能会出现自说自话的局面。

葡萄酒品尝的基本规范

品尝过程的一些基本规律可以适用于不同的品尝个体，以下是品尝的基本方面，对于初学者会有帮助，起码你在品尝的时候知道调动自己的部分感觉器官来感受葡萄酒。

首先说，葡萄酒的品尝，动用了人的四部分神经系统来感受与评价葡萄酒。

视觉 / 外观

种　类	色　调	说　明
白葡萄酒	柠檬黄/麦秆黄→金黄	年轻的酒，通常会有微微的青绿色
桃红葡萄酒	粉红→橙色	
红葡萄酒	紫色→宝石红→棕红	年轻的酒，通常是鲜亮的紫红色

嗅觉 / 气味

在香气识别方面，假如能够识别那些"异常"气味，对正常的葡萄酒，能够建立起来区分香气的浓郁度、复杂度，并能识别自己是否喜欢，可能就足够了，毕竟葡萄酒不仅仅是用来让我们闻的，更重要的是入口喝的，所以口感才是最重要的。

口感 / 滋味

类　型	描　述	说　明
异　常	不干净	嗅觉上首先感觉是不是干净的，是否具有：霉味、醋味、臭鸡蛋、刺鼻的二氧化硫味道
香气浓郁度	弱→强	指香气的强烈程度，闻香的第一感觉，不一定要关注香气的类型
香气发展		指香气的变化
香气特征		具体描述香气的类型
	初级香气	类似各种果实、花、植物、香辛料等气味
	次级香气	发酵过程中产生的，如类似奶油、面包等
	陈酿香气	酒陈年以后发生的，类似蘑菇、皮草、动物、甘草等

TIPS：

入口　葡萄酒刚入口的感觉，通常用"强烈与否"以及"是否令人舒服"来描述。

甜感　尽管干型酒通常糖分含量很低，但是，有些酒仍然可以感受到甜的感觉，并且是在口腔前部的感觉（所以，寻找甜感，要在入口初始时）。

酸感　甜之后，是舌头两侧的酸感，任何葡萄酒都会给你酸的感觉，这时候，要感受的是酸的愉悦与平衡程度。

单宁感 / 结构感　葡萄酒在口腔中感觉不同于水，是立体的，单宁起到重要作用。

平衡感　甜、酸与单宁给予的收敛感觉之间的平衡。

口腔中的果味　葡萄酒是葡萄果实酿制的，在口腔中仍然可以感受到果实的味道，可以用浓郁度以及果味特征来描述（就是"像什么"）。

酒精感　好的葡萄酒、温度适宜的葡萄酒通常没有明显的酒精感，这时，酒精给你的感觉都在初入口的甜感中。但是，有时候，由于酒精过于突出或者酒的温度不合适，在口腔中也会有酒精的感觉。

长度　正品尝时，所谓酒的长度从两个方面进行描述：一个是，酒入口时在口腔中整体感觉的持续性（从舌尖到舌根是连续的），再者就是当酒被吞咽或者吐掉之后，先前那种美好感觉的持续时间（有时可达绕梁三日的效果），也成"回味"。

收尾　酒到达舌根时会产生特定的感觉，苦、涩、咸等味道过重，肯定是没有多少人喜欢的感觉。

　　以上是按照葡萄酒在口腔中的感受过程来描述的，在进行交流时，也常常会用味道、酒体以及质感进行评价。味道就是葡萄酒在口腔中被感受到的酸甜苦咸以及香气，酒体通常用大小或者轻重表达，就是一款酒在口腔中饱满、或者厚重程度的感受，而质感主要是单宁以及酒精对口腔壁的刺激造成的感觉，粗糙、细腻、丝滑等词汇可用来表述这种感觉。

综合辨析

　　完成前面的那些体验之后，将获得的感觉，在大脑中进行汇总加工（加工不是修改），获得的初步印象是：自己是否喜欢；或者，调动大脑记忆中的信息，与以前的品评进行比较就可以对酒进行评价了；最终用语言文字进行表达、交流。

品酒前需注意的事项

1. 专用的酒杯

适当的酒杯可使品酒时的准确性提高，无论是酒的外观之判断，以及气味的辨识，都比不适当的酒杯优越许多。

葡萄酒杯影响闻气的四个因素：

酒杯的外型（观）

葡萄酒杯内部有较大的面积，可让延伸的范围增加，旋转与摇动更容易，葡萄酒液里的芳香物质挥发得更快、迅速。

杯子内部到杯口，葡萄酒可容纳的空间有多大。这个空间足以影响葡萄酒气味的对流、发展和气味之集中。

杯体与杯口之大小也是另一个重要的关联性。这两者之间需取得相当的均衡性，必须能达到释出气味，以及防止气味外泄过于迅速。

目前专家们都推崇以 ISO 葡萄酒杯，作为品鉴葡萄酒最佳的选择。

2. 光源与白色背景物

自然的阳光当然是最佳的光源，人造光源会影响饱和度与色调。特别是要避免荧旋光性的光源，这种光线会使红色看起来好像是不健康的棕色，甚至带有类似紫色之隐色。

烛光可强化葡萄酒的外观，但比较正式的品酒场合，烛光只能用于观察葡萄酒的真正纯净度，所以烛光大都使用在酒窖，观察刚从酒桶里抽出之浅龄葡萄酒，或者在晚餐过酒时使用。

间接日光（折射）颇为理想但较不实际。以人造灯光来说，标准的灯泡比起荧光灯应是较佳的选择。但两个光源对于红酒外观来说，或多或少会使

得酒的颜色比较偏向褐色，同时酒的色泽表现得比实际的年份"老些"。坐定式品酒可在桌面提供白色的背景物，例如：白色的桌布、白纸巾、厨房用的白色卷纸，都相当适宜。

站立式品酒之场所，除了光源的要求外，还需考虑某些白色背景物，如白色的墙壁或白色的大板子，提供品酒人观察葡萄酒所需的背景。

3. 品酒场地的要求

第一个重点是，需要一个足够的空间，能方便地自由活动、书写以及吐酒时不会影响到其他人的通路。假如可以达到这样配置的场所，那就万事皆备了。假如酒的种类太多，或者是所有的人挤在一个狭小的空间里，将使与会人感到不舒服。

另外，烟味及男性或女性香水。虽然人的嗅觉可迅速的适应这些气味，但在某种程度上，是一种不尊重与侵犯他人的行为。

温度控制总是有些错综复杂。其间比较重要的是葡萄酒在酒杯里难免会逐渐升温，所以最好的方法是将葡萄酒置放于冷却器里保温，胜过暴露于温热的地方。理想的温度是品酒时重要的条件之一，同时当我们以手持杯时，酒的温度会渐渐变得温热。假如品酒人采取自助的方式品酒，那么白酒可置放于冰酒桶（vinicool），或者用加有冰块和水的桶以保持酒的冰凉状态，尽管在后面保持凉冷的方式感觉上有些不舒服，但不失为一个好的方法。

品酒顺序

无甜味葡萄酒先于甜味葡萄酒；白酒先于红酒（正常的状况应是如此）；淡质葡萄酒先于浓质葡萄酒；浅龄葡萄酒先于陈年葡萄酒。事实上并没有所谓的完美无缺的品酒顺序，有时必须对现况而有所妥协。值得一提的是，站立式品酒或者当你面对着数杯葡萄酒挑选你想品鉴的酒时，没有人可按照上述的顺序品酒。

品酒前之准备

酒杯使用郁金香之酒杯（ISO 葡萄酒杯最佳），无色透明之水晶或玻璃材质。光源以阳光最佳，一般人造之光源（日光灯）会影响酒的颜色及色调之判断。温度于室温下进行（约 16℃—18℃左右），场内不可吸烟，或有异常之香味（如香水、古龙水）。

品酒分作五个基本步骤

我们常说的"喝酒"，只用到了嘴巴；而"品酒"还需要调动眼睛和鼻子。品酒是视觉、嗅觉、味觉以及触觉的综合感官享受。简单地概括为：观色、摇晃、闻酒、品尝和回味五个步骤。

观色（sight） 在白色背景（比如餐桌台布）下，稍微倾斜酒杯，观察酒的色调、色度和澄清度。专业品酒师还要观察液面的结构，

比如边缘线（Rim Edge）、边缘层（Rim Proper）和中心区的"酒眼"（Eye）等，来分析酒龄、产区、年份、气候等特征。

　　品评葡萄酒先从眼睛开始，因为葡萄酒的外观是其健康程度、品质特性及藏酿程度的一个重要指标。首先应审视酒瓶包装，看酒瓶背面标签上的国际条形码是否以 3 打头；打开酒瓶，看木头酒塞上的文字是否与酒瓶标签上的文字一样。酒标签上，通常包括了酒庄的名称、酒的名字、酒的品种、酒的容量、酒精度、出品国、生长的年份、在何处封装入瓶等信息。对于有经验的饮者来说，这些资料十分重要，比如通过葡萄的生长年份，可知道其生长过程

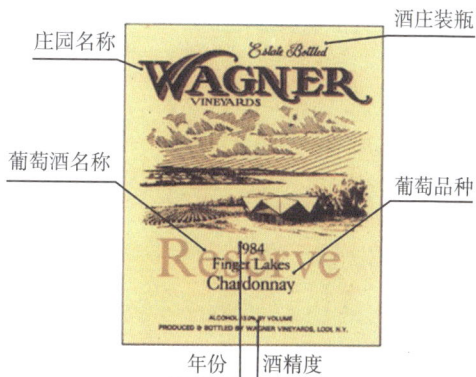

庄园名称　酒庄装瓶

葡萄酒名称　葡萄品种

年份　酒精度

是否完美，还可决定其是即时饮用还是需要再多储存几年饮用更好。

在酒标签上还有各具特色的图案。在以往这多是酒庄的标志，甚至是流传下来的贵族标志、皇室御用标志或者是酒庄的风景与建筑物等，均独具魅力。此外，每一年的酒都会印上年份。

审视完外观后，即可轻轻拔掉瓶塞，注意不要晃动酒瓶，将少量红葡萄酒倒入一个清亮透明的郁金香型酒杯中，倒至距杯脚上约5厘米处即可。明亮的光线下，握住杯脚或杯底，倾斜45度，并对着白色的背景，观察酒的外观和颜色。

对红葡萄酒的外观进行评定，主要有颜色、清澈度、浓度以及光泽等要素。对于质量好的红葡萄酒，其澄清、透亮、有光泽是给人的第一感觉，也是好酒的基本素质。新酒颜色清晰鲜明，陈酒呈轻微的黄褐色。把酒杯侧斜45度来观察，此时，酒与杯壁结合部有一层水状体，它越宽则表明酒的酒精度越高。在这个水状体与酒体结合部，能出现不同的颜色，从而显示出酒的酒龄。蓝色和淡紫色等于3至5年酒龄；红砖色等于5至6年；琥珀色等于8至10年；橘红色说明已经过期了。

在大多数正常的情况下，干红葡萄酒的颜色呈现鲜红色，代表着酒龄浅，通常在1至4岁之间；干红葡萄酒的颜色呈紫色，代表酒已到中年，约4至8岁；当干红葡萄酒的颜色呈现咖啡色，代表酒已到达壮年或老年，通常在9或10岁以上。不同的造酒程序，不同的造酒风格，对酒的颜色变化起着不同程度的影响。

摇杯（Swirl）　轻缓地摇晃酒杯，使旋转的酒液与空气充分接触，以加快香气的释放。当酒液像一位红裙女郎翩翩起舞时，会出现"挂杯"现象，即杯壁上的酒滴滑动痕迹，浪漫的法国人称之为"酒腿"或"酒的眼泪"。"酒的眼泪"越多、流动的速度越慢，表明酒精度和含糖量越高，相对来说这款酒的口感也会比较丰郁。

闻香（smell）　在摇杯之前，首先应该大致领略一下静止状态下的酒香。然后逆时针摇晃酒杯，迅速捕捉从杯子里释放出来的酒香。接下来就开始闻酒的味道吧。将杯口整个罩住鼻孔深呼吸。好的

酒闻起来味道很"厚"，让人感觉它很浓很复杂，由于鼻子的灵敏度远远超过舌头，因此有时候一杯酒慢慢品了一个小时，还是感觉香味越来越浓。

三次闻香——专业级别的品葡萄酒香气分析

第一次闻香：在酒杯中倒入 1/3 的葡萄酒，在静止状态下分析葡萄酒的香气。在闻香时，应慢慢地吸进酒杯中的空气。其方法有两种，或者将酒杯放在品尝桌上，弯下腰，将鼻孔置于杯口部闻香，或者将酒杯端起，但不能晃动，稍稍弯腰，将鼻孔接近酒液而闻香。使用第一种方法，可以迅速地比较出并排的不同酒杯中葡萄酒的香气，第一次闻香闻到的气味很淡，因为只闻到了扩散性最强的那一部分香气，因此，第一次闻香的结果不能作为评价葡萄酒香气的主要依据。

第二次闻香：在第一次闻香后，摇动酒杯，使葡萄酒呈圆周运动，促使挥发性弱的物质释放，进行第二次闻香。

第二次闻香又包括两个阶段：第一阶段是在液面静止的"圆盘"被破坏后立即闻香，这次摇动可以提高葡萄酒与空气的接触面，从而促进香味物质的释放。第二阶段是摇动结束后闻香，葡萄酒的圆周运动使葡萄酒杯内壁湿润，并使其上部充满了挥发性物质，使其香气最浓郁，最为优雅。

第二次闻香可以重复进行，每次闻香的结果一致。

第三次闻香：如果说第二次闻香所闻到的是使人舒适的香气的话，那么第三次闻香则主要用于鉴别香气中的缺陷。这次闻香前，先使劲摇动酒杯，使葡萄酒剧烈转动。最极端的类型是用左手手掌盖住酒杯杯口，上下猛烈摇动后进行闻香。这样可加强葡萄酒中使人不愉快的气味，如醋酸乙酯、氧化、霉味、苯乙烯、硫化氢等气味的释放。在完成上述步骤后，应记录所感觉到的气味的种类、持续性和浓度，并努力去区分、鉴别所闻到的气味。

在记录、描述葡萄酒香气的种类时，应注意区分不同类型的香气，一类香气、二类香气和三类香气。

闻完了，试饮浅浅一口，含在口中，用舌尖将酒液推向口腔的四周尽可能让所有味蕾都能接触到。

品味（sip），对大部分人来说，品酒指的是啜一口酒并快速吞下去。但这不叫品酒。品酒是一件用味蕾去从事的事情。之所以让美酒在口中肆意地游走，是因为舌头的味蕾充满于舌头的正面和背面，而任意一处的味蕾都有不一样的感觉。味蕾可以检测食物的苦、咸或甜，或者是否出了问题。为了得到正确的品尝结果，你需要让酒充分环游你口中的每个角落，让你的嗅觉和味蕾带你去体会它独特的风味和触感。记得它布满你口腔四周；舌头两侧、舌背、舌尖，并延伸到喉咙底部。

现在是时候喝你的酒了。细细地抿下一口，让酒覆盖你的舌头，不要咽，这时候让酒接触舌头上每一个味蕾，并且在嘴里慢慢地滑动，这时酒的温度会上升，包含的香气会立刻散发开来。这时，控制你的嘴唇像一个"0"形，均匀的吸入空气，让空气接触嘴里的酒，得到更深刻的体会，然后一饮而尽。是什么味道？究竟是什么滋味？有哪些特点？有什么缺陷？同样，因品酒人的不同，没有正确或错误的答案。把酒在杯中静置一两分钟，摇晃，并啜第二口。现在，它的味道如何？这可能会更好。如果你品尝了很多酒，吃些饼干或一块面包，放松一下你的味蕾，然后喝一些水。注意一定要避免在品酒前食用味道重的食物，这样，你的味觉可能会不堪重负。

回味（aftertaste），当你品尝过葡萄酒后，好好坐一会儿并回味所品的酒。想想看你方才的体验再问问你自个儿下面的问题以协助你加深印象。酒是否：清淡，中度浓郁，或浓郁？红酒中单宁太强或太涩？或没有单宁了？余味持续多久？

TIPS

1）专业品酒有个吐酒（Spit）的程序

把口中的酒吐出，一方面可换一种方式进一步感受余味的长度和均衡度，同时也不至于麻痹味觉——试想，如果每一口都喝进肚里，那岂不醉意朦胧？怎么去清醒地鉴别下一杯？所以，在专业品酒会上，每位品酒师的桌上都备有一个吐酒桶。

2）专业品酒的目的是打分、评比、分级

根据美国著名酒评家罗伯特·帕克（Robert M. Parker）的百分制，一瓶酒的基本分数为 50 分，色泽与外观占 5 分、香气占 15 分、口感和余味占 20 分、陈年潜力占 10 分。

3）专业品酒方式

水平品酒法对同一年份或同一葡萄品种，但不同酒庄、不同产区的葡萄酒进行横向比较。比如对 2003 年份的波尔多五大一级酒庄作一次比较；或

者对来自夏布利（法国勃艮第）、纳帕谷（美国加州）、霍克斯湾（新西兰）、玛格丽特谷（澳大利亚）的4瓶霞多丽作一次比较。

垂直品酒法对同一酒庄，但不同年份的葡萄酒进行纵向比较。比如对拉菲酒庄2000—2005年的6瓶酒作一次比较。

盲品品酒法在隐遮产地、品种、年份的情况下进行的酒样匿名品评。酒瓶用袋子套上，杯脚贴上编号。在一些国际性评比活动中，为了防止有的品酒高手会通过色泽判断出酒龄、品种、产地，必要时还会换上深蓝色或深黑色的"盲品杯"，不但隐蔽了酒标，而且也遮蔽了酒杯。

好酒 / 劣酒巧识别

辨别葡萄酒的优劣一般从三个方面进行：一观其色，二嗅其香，三品其味。

观色　把酒倒入透明葡萄酒杯中，举至齐眼高观察酒体颜色。优质高档葡萄酒都应具有相对稳定的颜色，葡萄酒的色度通常直接影响酒的结构、丰满度和后味。白葡萄酒一般呈浅禾秆黄色，澄清透明；干红葡萄酒呈深宝石红色，澄清近乎透明；干桃红葡萄酒呈玫瑰红色、澄清透明。

闻香　这是判定酒质优劣最明显及最可靠的方法，我们只需要闻一下便能辨其优劣。"品尝"葡萄酒的香气，可将酒杯轻轻旋动，使杯内酒沿杯壁旋转，这样可增加香气浓度，有助于嗅尝。优质干白葡萄酒香气比较浓，表现为清香怡人的果香，而不能有任何异味；优质干红葡萄酒的香气表现为酒香和陈酿香，而无任何令人不愉快的气味。特别指出的是，劣质葡萄酒闻起来都有一股不可消除的令人不愉快的"发馊味"，这股"馊味"是酒中的杀菌剂二氧化硫的气味，劣质酒因使用霉烂、变质的葡萄原料，或者为了防止酒的变质，而被迫加大二氧化硫的用量。

品味将酒杯举起，杯口放在唇之间，压住下唇，头部稍向后仰，把酒轻轻地吸入口中，使酒均匀地分布在舌头表面，然后将葡萄酒控制在口腔前部，并品尝大约 10 秒钟后咽下，在停留的过程中所获得的感觉一般并不一致，而是逐渐变化。每次品尝应以半口左右为宜。

怎样识别葡萄酒原装进口的真假?

第一步　看葡萄酒液。

·看酒瓶标签印刷是否清楚? 是否仿冒翻印?

·看酒瓶的封盖是否有异样? 有没有被打开过的痕迹?

·看酒瓶背面标签上的国际条形码是否以 3 字打头：法国国际码是 3。

·看酒瓶背面标签上是否有中文标识：根据中国法律，所有进口食品都要加中文背标，如果没有中文背标，有可能是走私进口，则质量不能保证。

第二步　看酒瓶外观。

看葡萄酒的颜色是否不自然?

看葡萄酒上是否有不明悬浮物? （注：瓶底的少许沉淀是正常的结晶体）酒质变坏时颜色有浑浊感。

第三步　看酒塞标识。

打开酒瓶，看木头酒塞上的文字是否与酒瓶标签上的文字一样。在法国，酒瓶与酒塞都是专用的。

第四步 闻葡萄酒的气味。

如果葡萄酒有指甲油般呛人的气味，就变质了。

第五步 品葡萄酒的口感。

饮第一口酒，酒液经过喉咙时，正常的葡萄酒是平顺的，问题酒则有刺激感。

咽酒后，残留在口中的气味有化学气味或臭气味，则不正常。好葡萄酒饮用时应该令人神清气爽。

TIPS

挂杯越久代表酒的质量越好吗？

酒精度不同，或由于酒液中其他一些成分的种类含量不同，酒的表面张力也有

所不同。挂杯好的酒不一定就是好酒！但好酒一定就是挂杯好的酒！

斟了酒，轻轻地摇杯，让酒液在杯壁上均匀地转圈流动，停下来酒液回流，这并不是挂杯，稍微等会儿，你就会看到摇晃酒杯的时候，酒液达到的最高的地方有一圈水迹略为鼓起，慢慢地就在酒杯的壁面形成向下滑落的 Tear（泪滴），像一条条小河，法文称为 Leg（脚），这才是挂杯。

第四篇　餐与酒的邂逅

餐配酒的原则

　　喝酒是一门很复杂的学问，餐配酒就更复杂了。但也有规则可循，如酒不能盖过餐的味道，餐也不能盖过酒的味道。如果西餐中有黑胡椒、芥末等味道厚重的食物，肉的味道被掩盖，那么酒的味道不能盖过黑胡椒或芥末。另外，新世界国家的酒和旧世界国家的酒口感上有很大区别。新世界国家的酒口味奔放，喝起来很爽，适合配一些口味重的菜品。而旧世界国家的酒口味含蓄，适合配口味清淡、耐人寻味的菜品。

　　葡萄酒与食物之搭配是一种艺术，也充满了无尽的趣味，所以不要过于复杂化。葡萄酒与食物之搭配仿佛一场比赛，搭配错误也没什么损失，反而是累积另一种难得之经验。每个人都有自己饮食之背景与习性，加上后天养成的偏好口味，若有清淡的白葡萄酒搭配黑胡椒牛排，或浓郁厚重的红葡萄酒搭配清蒸明虾，这种偏离传统的搭配方式，有错吗？所以遵循传统，有时倒不如服从自己的饮食惯性，来一场葡萄酒与食物搭配的冒险之旅！

葡萄酒与餐食搭配的基本原则

"红酒配红肉，白酒配白肉"，是一个最基本的准则。白葡萄酒，口味清淡，酸度或高或低，而白肉，比如三文鱼，口感细腻、清淡，二者搭配协调，舒适。而红葡萄酒，口感浓郁，果香丰富，配上牛排，不仅解油腻，而且还能增添牛排的美味。

原则1——先清后重

上酒顺序

口味由清淡柔顺循序渐进至醇厚浓重

理由

酒的口感是餐配酒的关键。清淡红酒甚至可以放在白酒前。

葡萄酒类型

清淡型白葡萄酒，如：汽酒（Sparkling Wine）、白沙威浓（Sauvignon Blanc）、清纯型霞多丽（Unwooded Chardonnay）、白贝露（Pinot Blanc）、威士莲（Riesling）。

配餐技巧

沙拉、蔬菜、瓜果、淡味海鲜、刺身、生蚝、寿司、清蒸海鲜、鱼子酱、淡味芝士、清蒸贝类、清蒸豆腐、白灼虾。

原则2——白酒配白肉

理由

清淡的白肉如海鲜、鸡肉，适合搭配清淡的白酒。因为白酒中酸度可去腥味，并增加口感的清爽。

葡萄酒类型

中淡型白葡萄酒、非常清淡的红葡萄酒，如：雪当利（Chardonnay）、沙美龙（Semillon）、威士莲（Riesling）、宝祖利新酒（Beaujolais Nouveau）、黑皮诺（Pinot Noir）。

配餐技巧
中味做法的海产、鱼翅、鲍鱼、炒鱼球、蒸虾球、酿豆腐、卤水鹅肝、白斩鸡、油泡响螺、炒蔬菜、龙井虾仁、淡或中味芝士……

原则 3——红酒配红肉

理由
红酒的单宁与红肉中所含的蛋白质结合可使单宁柔顺，肉质更加细嫩。

葡萄酒类型
中浓型红葡萄酒，如：偏浓的勃艮第红、波尔多红、意大利红、西班牙红等。

配餐技巧
烧鸭、烧鹅、羊扒、烤乳鸽、椒盐虾蟹类、风干和烟熏肉类、香肠、红烧鱼、广东扣肉、东坡肉、南京酱鸭、红酒烩鸡、牛仔扒、炒腰花、肥叉烧、铁板烧鸡、中味芝士……

原则 4——甜白酒配甜点

理由

甜白酒的确是搭配甜点的伴侣。一般来说，甜品、水果与葡萄酒的酸味并不协调，半甜的酒和甜酒搭配甜品，会让你不仅感觉到甜品的曼妙，也可以感觉到酒的甜美。

葡萄酒类型

甜味型葡萄酒，如：冰酒（Icewine）、贵族霉甜酒（Noble Rot）、晚收甜酒（Late Harvest Wine）。

配餐技巧

香煎鹅肝、餐后甜品、水果、干果、重味芝士、雪糕、巧克力……这类甜酒配干辣和麻辣型的川菜、湖南菜也十分合适。

TIPS

1. 酒不可以喧宾夺主，从来都说"酒配菜"，没听说过"菜配酒"的。所以，酒的味道不可以压过菜味。

放一口菜在嘴里，再饮一口酒，如果感觉不到菜的味道了，那么这款酒的选择就需要考虑了。酒与菜的关键是两者要相互补充。

2. 不可调和的因素切勿勉强结合，比如硬朗的红葡萄酒配鱼是很不恰当的，清淡和微妙的红、白葡萄酒配四川辣椒或香菜炒牛肉也是很蹩脚的。

但是，寻找一种相互补充的方式，比如干性粗纤维的鸡片与圆润丰厚的白葡萄酒，冲喉微辣的菜与丰厚浓香的桃红酒都是很好的搭配。

3. 饮酒顺序：

清淡葡萄酒先于浓郁、口味重的葡萄酒。

浅龄葡萄酒先于陈年葡萄酒。

简易型葡萄酒先于复杂型葡萄酒。

无甜味葡萄酒先于甜味葡萄酒。

白葡萄酒先于红葡萄酒。

4. 葡萄酒影响食物的味道。

咸味葡萄酒加强食物的苦味。

酸味的葡萄酒令甜味食物更甜。

甜味葡萄酒减低食物的咸、苦和酸的味道。

苦味葡萄酒可中和食物的酸味。

食物与葡萄酒相互影响彼此的口感是很明显的，假如配得好可说是相得益彰，什么状况算是好的搭配？食物可使葡萄酒的单宁酸软化和降低酒的酸度，而葡萄酒可使食物的味道增强和促进食欲、帮助消化，不过这种食物与葡萄酒的搭配宛如婚姻般，总有一方想去支配另一方，以至于不是食物的口味过重，就是葡萄酒的气味过于突出，所以必须避免这样的情形发生。和谐、滑顺是食物与葡萄酒搭配的最高境界。

白葡萄酒 VS 红葡萄酒

红葡萄酒和白葡萄酒的主要区别为：

1. 根据葡萄的颜色不同，可将葡萄品种分为白色品种（白皮白肉）、红色品种（红皮白肉）和染色品种（红皮红肉）三大类。用白品种酿造白葡萄酒，染色品种只能酿造红葡萄酒，而用红色品种可酿造从白色到深红色颜色各异的各种葡萄酒。

2. 白葡萄酒是用白葡萄汁发酵而成，红葡萄酒是用葡萄汁（液体部分）与葡萄皮渣（固体部分）混合发酵而成，其颜色的深浅决定于液体部分对固体部分浸渍的强度，浸渍越强，颜色越深。

3. 固体部分带给葡萄酒的不仅是色素，同时带给葡萄酒的还有与色素一样同为酚类物质的单宁，葡萄酒的颜色越深，其由色素和单宁构成的酚类物质的含量也越高。

所以，红葡萄酒与白葡萄酒的主要差异在于它们之间的酚类物质的含量和种类的差异。

喜欢品尝葡萄酒的人常形容"葡萄酒是有生命的"，但更精确的说法是"葡萄酒是有生命的艺术品"。因为上帝创造陆地、土壤、气候和葡萄，欧洲人以其深厚而有内涵的文化，精湛的酿造技术，把上帝赐予的葡萄升华为人间的金汁玉露。因此这种由传统中赋予鲜活的生命力所酿成的葡萄酒，已不再是一瓶单纯的葡萄酒，而是具有自然平衡之美的杰作，如同艺术大师的作品一样，同为理性与感性的结晶。所以葡萄酒可以被当做一项终身的嗜好，值得细细品尝与收藏。

葡萄酒是以新鲜葡萄或葡萄汁为原料，经酵母发酵酿制而成的酒精度不低于7%(V/V)的各类酒的总称。按酒的色泽，葡萄酒分为红葡萄酒、白葡萄酒、桃红葡萄酒三大类；根据葡萄酒的含糖量，分为干葡萄酒（糖分含量不超过4克/升）、半干葡萄酒（糖分含量不超过4—12克/升）、半甜葡萄酒（糖分含量为12—45克/升）和甜葡萄酒（糖分含量为45克/升）；按酒的二氧化碳的压力来分，葡萄酒包括无气葡萄酒、气泡葡萄酒、强化酒精葡萄酒、葡萄汽酒和加料葡萄酒。

哪种酒好喝还是要看自己的口味，葡萄酒的种类很多，多尝试几种，找出适合自己的那一种，而不是别人给你的建议。

红葡萄酒

装瓶出厂之后，在瓶中仍继续成熟，可谓葡萄酒不同于其他酒的特征之一。其中尤以红葡萄酒为甚，越是上等的红葡萄酒，越讲究成熟度的完美。葡萄酒爱好者中流传着一句话，叫"喝葡萄酒，就应该喝红的"，可见红葡萄酒的魅力之大。根据口味，红葡萄酒可分为浓郁（Full boby）、轻淡（Light body）和普通（Medium body）三种口味。法国波尔多地区出产的部分红葡萄酒，需贮存20年以上才上市，香味醇厚，是浓郁口味葡萄酒的代表。饮用浓郁或普通口味的红葡萄酒，最好在30分钟至1小时之前事先打开瓶塞，使其同空气接触。如此，可加深成熟度，行话叫"唤醒熟睡的葡萄酒"，使酒香更馥郁。

有人说，红葡萄酒应在室温下饮用，这是指室温在18℃—20℃时的情况，其实，轻淡口味的红葡萄酒冷却后更可口，浓郁口味的红葡萄酒，夏季也不妨冰一下再饮用。但应注意，不能冷却过头，否则反而走味，高级浓郁口味的红葡萄酒更需留意。适当的温度是：轻淡口味的红葡萄酒为12℃，上等浓郁口味的红葡萄酒为18℃左右。

白葡萄酒

白葡萄酒爽口易饮，初尝葡萄酒者也更喜欢。餐桌上，通常先上口味轻淡的白葡萄酒，用作餐前开胃，接着上辣味的白葡萄酒，最后才是红葡萄酒。白葡萄酒发酵、存放时间较红葡萄酒短，不太讲究饮用时期，随时随地皆可品尝。

白葡萄酒中，以葡萄特有的香甜味为特征的，首推德国产葡萄酒，德国位于葡萄栽培地域的北端，日照时间短，所产葡萄不适宜制造红葡萄酒，葡萄酒产量的 80% 以上是白葡萄酒。德国产葡萄味酸，糖分少，若不经调整就用做葡萄酒生产的原料，酿造出的葡萄酒势必酒精度低、酸味浓烈。为此，在生产过程中，加入未发酵的葡萄果汁，调整酸味，产品因此风味独特。

与甘甜口味的德国葡萄酒相反，被视作辣味葡萄酒代名词的是法国勃艮第最北端的沙布利地区生产的沙布利牌白葡萄酒。有古话说，"沙布利和牡蛎最合得来"，讲的就是沙布利特有的新鲜酸味可消除牡蛎的腥气。这与食用牡蛎时习惯加柠檬或醋，是同样的道理。

虽说白葡萄酒因此常被用作鱼贝类菜肴的搭档，却也并非不能同肉类菜肴相配。比如，配猪、牛肉的精肉部分及鸡肉，味道就相当不错。

使用牛里脊的菜肴，白葡萄酒也非常合口。

葡萄酒的储藏

　　葡萄酒不同于其他酒类，它有一定的生命周期，且每种葡萄酒的生命周期都是不同的。我们日常在市面所见的葡萄酒，绝大多数是从商店购买后趁新鲜时喝，开瓶及入口后会有股清新爽口的果香味，放久了果香味就会消失殆尽，这些酒的生命周期都在 2—3 年；法国名庄的正牌酒一般都需要 10 年成熟；1900 年的玛歌庄的酒，100 年了还没大熟。因此，葡萄酒存放得当是很重要的。一旦保存不当，对葡萄酒的成熟、风格、品质都会有极大影响。

储藏条件

1. 温度

　　酒不能放在太冷的地方，太冷，会使酒成长缓慢，它会停留在冻凝状态不再继续进化，这就失去了藏酒的意义。太热，酒又成熟太快，不够丰富细致，令红葡萄酒过分氧化甚至变质，因为细致、复杂的酒味是需要长时间发展得来的。理想的存酒温度在 10℃—14℃为佳，最高为 5℃—20℃。 同时整年的温度变化最好不超过 5℃。

　　另外还有很重要的一点——葡萄酒的存放温度恒定为最佳。即使葡萄酒存放在 20℃的恒温环境中也比每天的温度都在 10℃—18℃之间波动的环境好。为了善待葡萄酒，尽量减少或避免温度的剧烈变化，当然随着季节小幅度的温度变化还是可以接受的。

2. 湿度

理想的湿度是保持在 60%—70%之间,如果太干可放一盘湿沙用以调整。酒窖的湿度不要太高，那样容易使软木塞及酒的标签发霉腐烂；而酒窖的湿度不够又会让软木塞失去弹性，无法紧封瓶口。瓶塞干缩后会引致外面的空气入侵，酒质会产生变化，并使酒通过软木塞挥发，造成所谓"空瓶"现象。如果在北方（如北京）那样干燥的气候里，如果没有妥善的保存方法，再好的酒一个月都会放坏。

3. 光线

酒窖中最好不要有任何光线，因为光线容易造成酒的变质，特别是日光灯和霓虹灯易让酒加速氧化，发出浓重难闻的味道。存酒的地方最好向北，除了避开光线外，也不要接近有强烈气味的物体,门和窗应选择不透光的材料。

4. 通风

酒窖中最好能够通风以防止霉味太重。红葡萄酒像海绵一样，会将周围的味道吸到瓶里去，因此应避免味道重的东西与葡萄酒放在一起。

5. 防振

振动对酒的损害纯粹是物理性的。红葡萄酒装在瓶中，其变化是一个缓慢的过程，振动会让红葡萄酒加速成熟，让酒变得粗糙。所以尽量避免将酒搬来搬去，或置于经常振动的地方，尤其是年份久的红葡萄酒。因为储存一瓶陈年极品红酒是三四十年或更长久的事,而并非仅三四个星期,让其保持"沉睡"状态是最好的。

6. 摆置

传统摆放酒的方式习惯将酒平放，使红葡萄酒和软木塞接触以保持其湿润。湿润的软木塞有足够的弹力，把瓶口牢牢塞住。相反，瓶子垂直放立时，软木塞便没有足够的水分保持其湿润。可将酒瓶摆成 45 度，让瓶塞同时和红葡萄酒以及瓶中的空气接触。

7. 酒窖

如果要收藏大量的红葡萄酒，保存红葡萄酒最好的地方就是酒窖，有一定的深度可以保证恒温、恒湿、避光、远离振动源，当然，如果温度不合适，还可以安装调温设备。传统酒窖主要用木材建造而成，皆因木是天然材料，可以摆放超过百年。酒窖不能倚墙而建，要与原来房间墙壁留有 3 至 4 厘米的距离，才不易受外面的温度及湿度影响，令红葡萄酒氧化而变质。

8. 酒柜

家庭藏酒可选择的就是电子酒柜了。酒柜和普通的冰箱不同。普通的冰箱的控温设备是将温度降到一定温度以下，比如 2℃—3℃，然后，等温度升到 6℃—7℃左右的时候再启动。这样有几个不好的地方，第一个是温度有波动，而且也太低。第二个就是冰箱这种大幅度的温度波动，在冷凝器表面会结霜，即使冰箱里面没有除湿设备，也会因为这个让湿度大大降低。第三个问题是一般的冰箱不具有抗震设计，因此启动的时候会有振动。专业的电子酒柜是恒温恒湿而且避震的，但是价格也非常的贵。

酒柜的选择：

选择红酒柜，可从以下几个方面去看：

温度恒定精准性

温度恒定的精准性是衡量一个专业酒柜的主要因素，酒柜升温快速、大幅波动是对葡萄酒的巨大伤害。

专业的酒柜温度恒定精准性在 ±1℃，或温度恒定精准性在 ±1.5℃。

非专业酒柜温度恒定精准性在 ±4℃—8℃。

TIPS

专业酒柜采用精密压缩机；

精确的温度控制器；

优质柜体采用绝缘材料，保证柜内外温度充分隔离，避免频繁交换；

酒柜通常是双层特制玻璃，保温隔热；

而强吸力柜门胶条，可防止热量交换；

同时备有专业酒柜才具备的加热系统。

适当的湿度

专业酒柜内湿度通常保持在 55%—75% 左右；

而家用冰箱内湿度通常低于 20%；

非专业酒柜内湿度可能低于 30%，也可能高于 85%；

湿度过低可导致瓶塞干裂；

湿度过高可导致瓶塞发霉、酒标脱落。因此需选择一个专业酒柜。

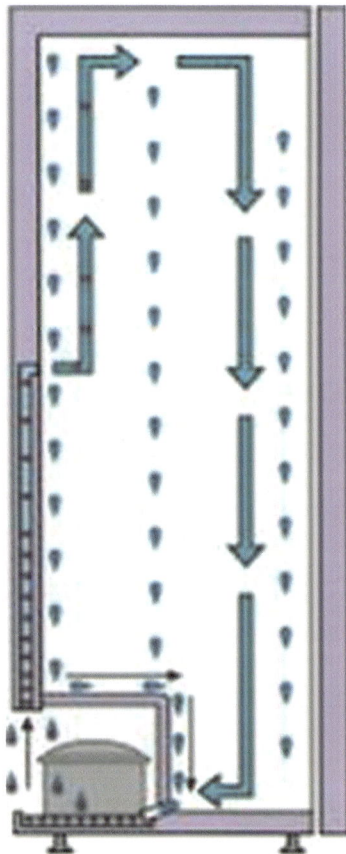

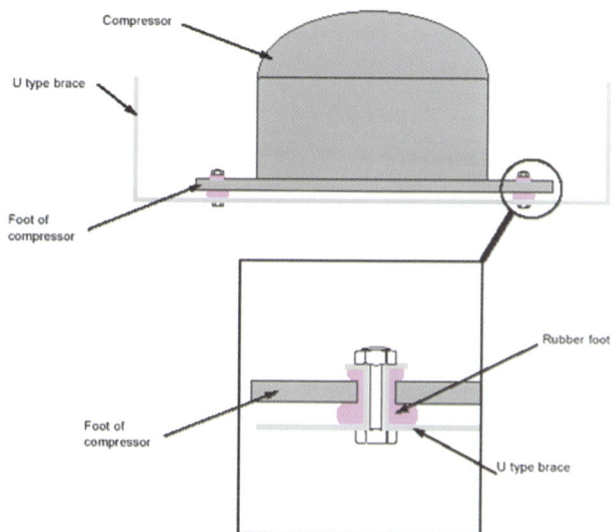

避振措施

专业酒柜均采用低功率、专业防振压缩机，使压缩机产生振动降至最低，且多采用天然实木木架，有效吸收振动。

防紫外线措施

专业、特制、防紫外线的玻璃，有效隔离紫外线；

强力门胶条，有效防止任何紫外线进入；

而且柜内均采用黑色，充分避光。

通风系统

通风不畅会引起柜内产生异味。专业酒柜避免了这一问题，因为专业酒柜有先进的通风设备。

合理摆放

酒柜均采用平放酒瓶，保持瓶塞充分与酒接触，保持湿润膨胀。也可采用双排、头对头方式摆放，增大容量、方便存取。

TIPS

目前国际上比较知名的酒柜有法国的添福阁（TRANSTHERM）品牌及丹麦的威特（VINTEC）品牌等。

丹麦威特（VINTEC）葡萄酒柜

丹麦威特作为专业葡萄酒柜产品中的著名品牌，具有"现代酒窖"之称。为佳酿的储存提供了一个完美的选择。

针对葡萄酒熟化所需要的条件，模拟天然酒窖，威特葡萄酒柜具有以下五大功能：

恒温：温度太高或太低会加速或延缓酒的熟化，威特温度通常恒定为12℃—14℃；

恒湿：湿度太低或太高对瓶塞及酒标会有破坏，威特可以将湿度维持在65%—80%之间；

避光：紫外线会对酒造成很大伤害，威特所有酒柜采用实门或防紫外线玻璃门，有效避免光线照射；

避振：威特采用纯天然实木架以及精密避振压缩机，可将振动减少至最低；

通风：威特配备的通风系统，既可保证酒柜内空气的新鲜，又可以适当调节湿度。

法国添福阁（TRANSTHERM）葡萄酒柜

爱好葡萄酒的人士，大都会听说过法国的添福阁酒柜。添福阁酒柜利用独有的技术及精心的设计，为爱酒人士的美酒提供了完美的储藏及陈酿环境。

精湛的技术

添福阁酒柜的外壁是由三块连续的挡板组成。内壁的材料选用聚苯乙烯，坚固、无味、绝缘，而且防震；外壁装饰精美、坚实牢固，而四周也使用绝缘材料进行了加固，并且有 4.5 厘米厚的高密度泡沫橡胶层嵌在壁体内，令添福阁酒柜拥有足够保护酒瓶的坚固材质以及如同天然酒窖般的稳定温度。

添福阁酒柜备有先进的自动测温调节器。可以精确地控制热、冷电路的温度。另外，添福阁酒柜独有的热泵，可以产生湿润的空气并在后壁自然冷凝，从而将湿度稳定控制在 55%—80% 之间，可防止瓶塞干裂；同时可以保持自然的通风，从而祛除异味。

添福阁酒柜备有低频稳定压缩机，而且与酒柜主体不会直接接触，从而大大降低了各种震动，避免对酒产生影响，令葡萄酒在安静的环境中熟化。

葡萄酒的种类与选购

对于我们普通消费者来说，来到酒屋或超市，面对着琳琅满目的葡萄酒，又不懂外文，该如何来选择一瓶好的葡萄酒呢？当你走进酒屋，看见琳琅满目的葡萄酒，不知道怎么选的时候，教给你一个很简单的方法：

1. 拿起一瓶酒来，如果酒瓶上写有两个单词，这两个单词一个在前面，一个在后面，前面的以"A"开始，后面的以"C"开始，这首先就说明这已经是上等酒了。这两个单词是什么意思呢？"A"就是产品名称，"C"就是国家监制。有国家监制和产品名称的酒，就一定是上等酒，行家把它称为AOC级别的酒。另外，我再告诉你两点：第一个就是所有的AOC的酒，它上面都一定打出年份，比如1997，1998，2000，2004等。

2. 看它的度数，度数一般写在左下角，12度以上的都是好酒。葡萄酒并不是说每年的都一样好，所以你买酒的时候，还要看看年份。因为每年的气候都不同，好的年头，阳光、雨水特别适宜葡萄生长，做出来的酒就好，否则当年的酒就不好。

3. 我们会发现葡萄酒有干白干红之分，这到底是什么意

思呢？干红或干白的含义是，葡萄酒里面的糖几乎全部转化成酒精了，所以忌糖者也可以饮用，而且葡萄酒营养丰富，每天喝一点对健康非常有好处，那么喝多少最合适呢？法国医学界的专家认为最合适的量是一顿饭2—3杯。

4. 干邑、白兰地等也是由葡萄蒸馏而成的葡萄酒，作为消化酒，只需饭后喝一点点。因为它含有40度的酒精，常常会使人喝醉，这就失去了葡萄酒优雅的精神品质。提起干邑、白兰地，人们自然就想起两个字——XO。你知道什么是XO？什么是XOP、VS、拿破仑吗？XO不是一种品牌，它是给干邑等用葡萄做的烈性酒定的一种等级。它是根据酒在橡木桶里存放的时间长短而定的。XO是存放时间最长的，XO就是陈年老酒的英文缩写，其次是XOP、VS，存放时间最短的就是拿破仑。好酒是可以储藏的，如同珍宝，它会随着时间的推移而变得日益珍贵。

酿酒的葡萄品种

全世界有超过 8000 种可以酿酒的葡萄品种，但可以酿制上好葡萄酒的葡萄品种只有 50 种左右，大约可以分为白葡萄和红葡萄两种。白葡萄，颜色有青绿色、黄色等。主要用来酿制气泡酒及白酒。红葡萄，颜色有黑、蓝、紫红、深红色，有果肉是深色的，也有果肉和白葡萄一样是无色的，所以白肉的红葡萄去皮榨汁之后也可酿造白酒，例如黑皮诺（Pinot Noir）可用来酿造香槟及白酒。

世界上公认最好的酿酒葡萄品种有以下几种：

1. 赤霞珠

英文名称"Cabernet Sauvignon"。别名解百纳、解百纳索维浓、解百纳苏味浓。曾用名雪华沙和苏维翁。原产法国，是法国波尔多地区传统的酿制红葡萄酒的良种。该品种容易种植及酿造、适应性较强、酒质优，可酿成浓郁厚重型的红酒，适合久藏。但它必须与其他品种调配如梅鹿辄，经橡木桶贮存后才能获得优质葡萄酒。它与品丽珠、蛇龙珠在我国并称"三珠"。

赤霞珠

2. 品丽珠

英文名称"Cabenet Franc"。别名卡门耐特、原种解百纳。原产法国，是法国波尔多及罗亚河区（Loire）古老的酿酒品种，是赤霞珠、蛇龙珠的姊妹品种。该品种是世界著名的、古老的酿红酒良种，富有果香，较清淡柔和，大多不太能久藏，它的酒质不如赤霞珠，适应性不如蛇龙珠。通常与卡伯纳·苏维翁及美乐搭配。

3. 美乐

英文名称"Merlot"。别名梅鹿辄。原产法国，在法国波尔多地区与其他名种如赤霞珠等，配合生产出极佳干红葡萄酒。该品种为法国古老的酿酒品种，作为调配以提高酒的果香和色泽。

4. 佳丽酿

英文名称"Carign – ane"。别名佳里酿、法国红、康百耐、佳酿。原产西班牙，是西欧各国的古老酿酒优良品种之一。所酿之酒宝石红色，味正，香气好，宜与其他品种调配，去皮可酿成白或桃红葡萄酒，且易栽培、丰产，可用作红酒调配与制成白兰地。

美乐

黑皮诺

5. 黑皮诺

英文名称"Pinot Noir"。别名黑品诺、黑比诺等。原产法国，是古老的酿酒名种。该品种是法国著名酿造香槟酒与桃红葡萄酒的主要品种，早熟、皮薄、色素低、产量少，适合较寒冷的地区，它对土壤与气候要求比较严格，去皮发酵可酿制干白、白酒及非常好的气泡酒，是香槟主要的葡萄品种之一。所酿的酒颜色不深，适合久藏。这种娇弱的贵族葡萄品种，最好的种植区在勃艮第。

6. 蛇龙珠

英文名称"Cabernet Gernischt"。原产法国。

7. 佳利酿

英文名称"Carignan"。曾用名佳醴酿。原产法国。

8. 神索

英文名称"Sinsaut"。原产法国。

9. 佳美

英文名称"Gamay"。曾用名黑佳美，红加美。原产法国，是法国勃艮第南方及罗亚河区的重要葡萄品种，占勃艮第红酒一半以上的产量。一般都要趁新鲜饮用，不过，若是产于宝酒利（Braujolais Cru）特级产区则例外，该地所产的红酒也可陈放。低单宁、有丰富的果香及美丽的浅紫红色泽是其特色，常带有西洋梨及紫罗兰花香，尤其是宝酒利新酒，常带西洋梨、香蕉及泡泡糖的香味，是入门者的最佳选择之一，低涩度，高果香，冰凉之后容易入口。

佳美

10. 歌海娜

英文名称"Grenache"。曾用名格伦纳什。原产西班牙。

歌海娜

11. 弥生

英文名称"Mission"。原产西班牙。

12. 内比奥罗

英文名称"Nebbiolo"内比欧罗。曾用名纳比奥罗。原产意大利，属于高果酸、高色素、高单宁、晚熟型的品种。主要分布在意大利皮蒙省（Piedmont），其中巴若罗（Barolo）、巴瑞斯可（Barbaresco）为最著名产区。所酿的酒品质可媲美一级波尔多红酒。酒色深香味丰富，口感强实，带有丁香、胡椒、甘草、梅、李干、玫瑰花及苦味巧克力的香味，非常适合久存。

13. 味而多

英文名称"Petit Verdot"。曾用名魏天子。原产法国。

14. 宝石

英文名称"Ruby Cabernet"。曾用名宝石百纳。原产美国。

15. 桑娇维塞

英文名称"Sangiovese"。原产意大利。主要种植在意大利中部

（Tuscany），其中香堤（Chianti）、布鲁耐罗（Brunello di Montalcino）最为著名。色素少、酸度高、单宁高，酒的类型简单清爽，也有浓烈浑厚型，带有烟草及香料的味道。

16. 西拉

英文名称"Syrah/Shiraz"。原产法国，主要种植在法国南方的隆河区，同时也是澳洲最重要的品种。适合温暖的气候，可酿出颜色深黑、香醇浓郁、口感结实带点辛辣的葡萄酒。新酒以花香（尤其是紫罗兰香味）及浆果香味为主，成熟后会有胡椒、丁香、皮革、动物香味溢出。陈化能力绝不亚于卡伯纳·苏维翁。

17. 增芳德

英文名称"Zinfan-del"。原产意大利，但发现于美国。全世界只有加州才能把它发挥得淋漓尽致。可以说是物"尽"其用了。在加州它可以酿出很多不同类型的酒，从清淡、带清新果香及甜味的淡粉红酒，一直到高品质、耐存、强单宁、丰厚浓郁型的红酒，从有气泡到没有气泡的酒，甚至甜味的红酒中也有它的存在，可以说是葡萄里的演技派。

西拉

红葡萄品种

赤霞珠（Cabernet Sauvignon）

别名：解百纳、解百纳索维浓，原产法国，是法国波尔多地区传统的酿制红葡萄酒的良种。

品丽珠（Cabernet Franc）

别名：卡门耐特、原种解百纳，原产法国，为法国古老的酿酒品种。

美乐（Merlot）

别名：梅洛，原产法国，在法国波尔多与其他名种（如赤霞珠等）配合生产出极佳干红葡萄酒。

佳丽酿（Carignane）

别名：佳里酿、法国红、康百耐、佳酿。原产西班牙，是西欧各国的古老酿酒优良品种之一。

黑皮诺（Pinot Noir）

别名：黑品诺、黑比诺等，原产法国，是古老的酿酒名种，世界各个葡萄酒产出国均有栽培。

西拉（Syrah）

西拉原产自法国，喜欢温和的气候，在火层岩山坡地区种植表现非常出色。酒色深浓近黑，酒香浓郁且丰富多变，年轻时有黑色浆果和紫罗兰花香，陈年后有胡椒、焦油和皮革的成熟香；口感紧密而丰厚，单宁含量惊人，抗氧化性强，非常适合在橡木桶里长期陈酿。

蛇龙珠（Cabernet Gernischet）

属于解百纳品系的蛇龙珠，与赤霞珠、品丽珠是姊妹品种，产自法国。它的果粒呈紫黑色，果皮厚，果肉多汁。它所酿制的酒具有解百纳的典型特性，酒体呈深宝石红色，澄清晶亮，带有浓郁的酒香、和谐的醇香与橡木香气，滋味醇厚，酒体丰满、肥硕。

宝石解百纳（Ruby Cabernet）

别名马加拉什宝石、宝石红，原产美国。它由赤霞珠和佳丽酿杂交培育而成，对环境的适应性强。它的果皮呈蓝黑色，酿出来的酒品质优良，呈深宝石红色，酒体十分饱满。

白葡萄品种

霞多丽（Pinot Chardonnay）

别名：查当尼、莎当妮，原产法国，是酿造白葡萄酒的良种，主要在法国、美国、澳大利亚等国家栽培。

贵人香（Italian Riesling）

别名：意斯林、薏丝琳、威尔士雷司令，原产意大利、法国南部，是古老的酿酒良种，广泛分布于欧洲中部。是酿造高级白葡萄酒的良种。也可做甜酒、香槟与葡萄汁的原料，我国名牌干白葡萄酒多以它为原料。该品种为世界酿酒良种之一，酒质浓厚，浅黄色，果香怡人酒体丰满柔和，回味延绵。

白诗南（Chenin Blanc）

别名：百诗难，原产法国，是法国卢瓦尔河中部地区的酿酒良种。1990年前后曾多次从法国引进，目前北京，河北沙城、昌黎，山东青岛、蓬莱、龙口，新疆鄯善和陕西丹凤等地均有较多栽培。该品种为法国酿制甜白、干白、气泡和雪利酒的名种；所酿之酒，酒质佳，色浅黄，具有浓郁的蜂蜜果香，酸度丰满，酒体完整，是酿造白葡萄酒的良种之一。目前我国葡萄产区均有栽培。

长相思（Sauvignon Blanc）

别名：白索维浓、苏维浓、缩维浓，原产法国，是法国古老的酿酒品种。该品种与赛美蓉、密斯卡岱（Muscadelle）可用于酿造著名的索德尔纳（Cotepha）干白葡萄酒，适时早采也可作高质量的香槟（气泡酒）原料。

雷司令（Riesling）

雷司令产自德国，可谓葡萄品种里的贵族，对栽种环境非常挑剔。它喜欢比较寒凉的气候。漫长而干燥的秋季和连续充足的日照时间，使它有更为丰富的果味，用它酿制的酒酸度高，伴有淡雅的花香、混合植物香，以及蜂蜜和矿物质的香气。陈年存放会使雷司令的颜色从淡苹果绿变成深金色，香气更进一层，有非常迷人的熟水果香与蜜香。

雷司令

赛美蓉（Semillon）

赛美蓉的酸度低，非常适合用来做甜酒。用它酿出的酒肥厚丰腴，颜色也呈现出较深的金色，带有明显的柑橘味道，有时也会带少许蜂蜜、无花果和雪茄味。由于它的果皮很薄，所以很容易出现贵腐霉，可以用来做非常甘美的贵腐酒。

赛美蓉

琼瑶浆（Traminer）

原产于法国，它的葡萄皮为粉红色，带有独特的荔枝香味。用它做的酒，酒精度很高，色泽金黄，香气甜美浓烈，有芒果、荔枝、玫瑰、肉桂、橙皮甚至麝香的气味。它的酒体结构丰厚，口感圆润。

琼瑶浆

白玉霓（Ugni Blanc）

原产法国，是用来酿造葡萄蒸馏酒白兰地的主要品种。用它酿出的酒呈活跃的淡黄色，酸味适度而纯净，果香馥郁而丰富，瓶贮后还会产生杏仁的香气。它酒体均衡，口感中等浓重，余韵爽口纯净。

第五篇　品游葡萄酒世界

法国

　　法国葡萄酒被世人奉为世界葡萄酒的极品。它之所以深受人们的爱戴，不仅仅在于它与香水、时装一样象征着法兰西浪漫情调，更重要的是它有着独特的历史和文化底蕴。

　　提起法国葡萄酒的起源，可以追溯到公元前6世纪。当时腓尼基人和凯尔特人首先将葡萄种植和酿造业传入现今法国南部的马赛地区，葡萄酒成为人们佐餐的奢侈品。

　　在1世纪前后从马赛港将葡萄文明带入高卢地区（就是现在的法国）。可以说是当时的罗马人奠定了今天欧洲葡萄园的基础。

　　传入高卢地区的葡萄酒酿制技术先到达了普罗旺斯，随后北上到了罗讷河谷和朗格多克地区。葡萄酒文化的早期发展都在河岸附近地区展开，因为当时船是最重要和最便捷的交通运输方式。法国的波尔多和勃艮第地区开始也只是作为希腊葡萄酒和意大利葡萄酒的进口集散地，随后才开始自己的

酿造历史。法国最早的葡萄园出现在公元1世纪的罗讷河谷和卢瓦尔河谷地区，随后在公元3世纪到了巴黎和香槟区。

公元92年，罗马人逼迫高卢人摧毁了大部分葡萄园，以保护亚丁宁半岛的葡萄种植和酿酒业，法国葡萄种植和酿造业出现了第一次危机。

公元280年，罗马皇帝下令恢复种植葡萄的自由，葡萄种植和酿造进入重要的发展时期。

1441年，勃艮第公爵禁止良田种植葡萄，葡萄种植和酿造再度萧条。1731年，路易十五国王部分取消上述禁令；1789年，法国大革命爆发，葡萄种植不再受到限制，法国的葡萄种植和酿造业终于进入全面发展的阶段。历史的反复，求生存的渴望，文化的熏染以及大量的品种改良和技术革新，推动着法国葡萄种植和酿造业日臻完善，最终走进了世界葡萄酒极品的神圣殿堂。

最出名的法国葡萄酒产区主要是：波尔多（Bordeaux）、勃艮第（Burgundy）和香槟区（Champagne）以及阿尔萨斯（Alsace）、罗瓦河河谷（Loire Valley）、隆河谷地（Cotes du Rhone）等，其中又以气候温和土壤富含铁质的波尔多产地最具代表性。波尔多以产浓郁型的红酒而著称，而勃艮第则以产清淡型红酒和清爽典雅型白酒著称，香槟区酿制世界闻名、优雅浪漫的汽酒。

法国是最伟大的产酒国，年产酒大约6.7亿箱，占世界总产量的四分之一。虽然不是全球产量之冠，但它出产的酒的种类和品质，是其他地方所无法比拟的。

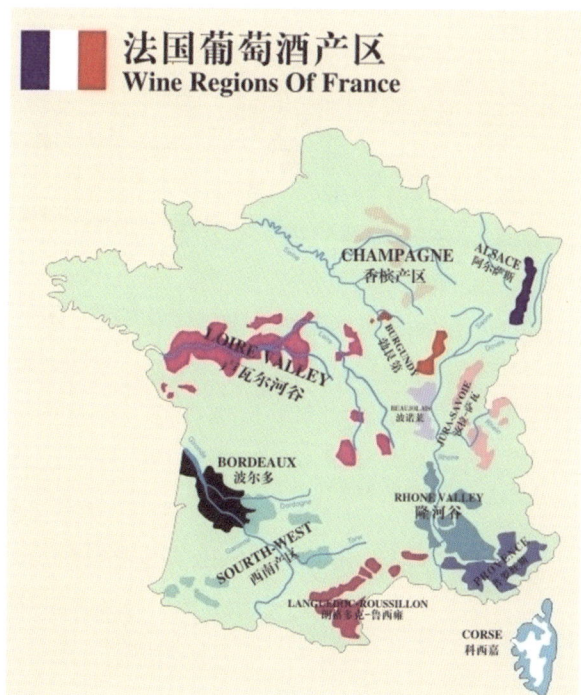

法国葡萄酒产区
Wine Regions Of France

波尔多（Bordeaux）

提到法国的酒，我们大脑里第一时间反应出来的词就是波尔多。波尔多葡萄酒的辉煌可以说是天成地就的。

公元1世纪受罗马文化影响，波尔多城市开始发展，为了抵御外来侵略，当时波尔多建有四方的城墙，在主要方位留有城门进出。当时人们在城市周围开始种植葡萄，但并不广泛为外界所知。

到了12世纪，波尔多及其葡萄酒的成名与阿基坦公主（Alienor d' Aquitaine）是分不开的，她改嫁诺曼底公爵，后来她的丈夫成为了英国国王。自然而然，阿基坦公主将家乡特产——葡萄酒介绍给了英国贵族，当时能喝到来自波尔多的葡萄酒便是地位与身份的象征。

葡萄酒商业口岸的诞生，由于加仑河横穿波尔多后直插大西洋，这使得波尔多拥有了得天独厚的运输条件。大量的英国商船来往于英国和波尔多，使波尔多成为一个繁华的运输港口。频繁的商业往来极大地刺激了葡萄酒产业的发展。

到了18、19世纪随着葡萄酒贸易的发展，波尔多城市发展进入黄金期，葡萄与葡萄酒开始在经济中占据重要地位。直到今天，许多遗留建筑上的一串串葡萄石雕，向人们诉说当年的辉煌。

位于法国西南部的波尔多，有着得天独厚的气候与地理条件。波尔多位

于北纬45° 这条总是孕育奇迹的纬度上，该区地域广大，东西长85英里，南北70多英里。波尔多西邻大西洋，产区内流经加龙河和多尔多涅河。波尔多气候温和，夏天阳光充足，天气炎热；秋季天高云淡，冬季天气温暖，很少结霜。海湾气流的影响使气温温和而有规律，产区周围的大片松林又保护着这一地区不受大风和不良气候的影响。不同的地理环境酿造出不同的佳酿。波尔多的土壤多样丰富，主要分为：砂砾土地，石灰质土地和黏质土地。砂砾土地主要分布在加龙河和吉伦特河的左岸，这类土质容易贮存热量。有利于葡萄的成熟，是赤霞珠葡萄品种生长的理想土质。石灰质土地主要分布在加龙河的右岸，与其他土质相比，相对成熟，是品丽珠和美乐葡萄生长的理想土质。黏质土地也主要分布在加龙河的右岸，土质凉爽而潮湿，同样也是美乐葡萄生长的理想土质。

　　波尔多地区有来自中央山谷的多尔多涅河和比利牛斯山脉的加龙河，在波尔多附近交汇形成了吉伦特河，由于吉伦特河的宽广把波尔多的葡萄园分成了左右两岸，形成两种风格截然不同的葡萄酒王国。无独有偶的是由于历史的沉淀在巴黎也有左岸文学、右岸商业之分。

左岸：是指红隆德河与加伦河的左岸，被市区分割为上——梅多克地区（Medoc）及下——格拉夫（Grave）两个部分。这里，土壤中布满了白色的（或者叫浅色的）鹅卵石，这些鹅卵石一方面增加了土壤的通透性，避免根系受水涝之苦，另一方面，葡萄根系呼吸要求相当高，需要更多的空气；白色的鹅卵石在阳光下又具有反光作用，提高树体叶片受光量，鹅卵石在白天吸收光热（比土壤具有更强的储热能力），夜间缓慢释放热量。同样的品种，左岸早于右岸采收的原因之一，就是这些鹅卵石。位于靠近市区的上布利翁酒庄（Chateau Haut Brion）常常首先开始采收。这样的河道冲积沙土相当贫瘠，不适于种植粮食作物，但波尔多人幸运的是，他们开发了酿酒葡萄，葡萄树在这种贫瘠的土壤中，反而孕育出高质量的果实。

右岸：习惯上右岸包括波梅侯（Pomerol）、圣·达米里翁（St Emilion），这里的土壤颜色相对左岸更深一些，偏黑色，砾石的含量明显少，土壤相对黏重。但是，这里多是山丘，土层并不深厚，深层土壤是石灰岩。

　　右岸的酒庄通常规模较小，再加上地形复杂、微气候多变，这里（尤其是波梅侯）的葡萄酒是葡萄酒投资人追捧的重要目标。

　　波尔多葡萄酒分三种：甜白葡萄酒，干白葡萄酒和红葡萄酒。其中甜白葡萄酒充满水果和蜂蜜的香气。索特尔纳（Sauternes）最出名，巴尔萨克（Barsac）紧追其后。干白葡萄酒生产于两河之间（Entre-Deux-Mers），格拉夫（Graves），木里（Moulis）和里斯塔克（Listrac）。这里的白葡萄酒较酸，水果味浓，容易老化。对于法国人来说，这种酒不是很上档次。红葡萄酒则是处在百花齐放的状态。圣·达米里翁，圣爱斯泰夫和格拉夫均有生产。总的来说，波尔多红酒香料味浓，涩度高，充满红果味和花香味，比如圣·达米里翁的酒就有香堇花的味道。

　　在波尔多葡萄种植中，11%的面积是种植白葡萄品种，89%是红葡萄品种。其中，红葡萄品种美乐葡萄占第一位，种植面积达69000公顷；赤霞珠占第二位，种植面积达29000公顷。随后还有品丽珠，味而多，马贝克（Malbec）和卡梅纳尔（Carmenère）等其他红葡萄品种。在白葡萄品种中，种植面积最大的是赛美蓉（Sémillon），其次是长相思（Sauvignon Blanc），密思卡岱（Muscadelle）以及其他白葡萄品种。

　　波尔多有几个享负盛名的葡萄酒产区，包括圣·达米里翁、梅多克、两海之间、格拉夫及苏玳（Sauternes）。在波尔多地区开启美酒之旅，至少要

走访两个产区以上，才能算是入门体验波尔多"酒瓶里的哲学"。

圣·达米里翁处在多尔多涅河的右岸，坏绕着利布尔纳镇，该地区的葡萄园出产的红葡萄酒主要是美乐葡萄品种，味道浓厚、色彩强烈，被认为是波尔多红酒中最具代表性的，其中列于世界最优秀酒庄行列的白马城堡酒庄（Chateau Cheval Blanc）和奥松城堡酒庄（Chateau Ausone）就是该区的顶级代表。

梅多克，顶级葡萄酒集中区。梅多克产区的葡萄酒几乎就等同于顶级葡萄酒，早在18世纪时，这种至高无上的地位就被奠定了下来。1855年，拿破仑三世为了借巴黎世界博览会向全世界推广波尔多葡萄酒，根据当时波尔多各个酒庄的声望和各酒庄葡萄酒的价格，确立了1855年的分级制度，其中，名列顶级一等酒庄的几乎全出自梅多克，而梅多克的葡萄酒具有浓重的红宝石颜色，香味优雅，口味细腻，的确让人回味无穷。到梅多克，你会发现当地的任何一个酒庄几乎都是历史悠久的古老酒堡，举世闻名的拉斐酒庄、拉图酒庄、茂同酒庄、玛歌酒庄，个个都是几百年的经典。

格拉夫产区位于吉伦特河的南岸，与北岸的梅道克区隔河相望。格拉夫的原意是砾石，也说明这里的土壤以砾石为主。历史的土壤有优良的排水性能，而且有保持温度的特性。因此在如1992、1993年等多雨水的年份里，这里的酒受到的影响就相对要小得多。格拉夫因为同时产红酒和白酒，因此在一些人的心中并不是一个好的红酒产区，但是实际上，这里的酒质量普遍较好，而且受恶劣天气的影响小，总体水平还是很高的。这里出产的红酒因为美乐葡萄的比例较大，较之梅多克更为柔顺，因此不习惯梅多克强劲的单宁味道的人，格拉夫应该是很好的选择。格拉夫下面有一个酒村，叫做佩萨克·莱奥尼昂（Pessac Leognan），著名的五大酒庄之一玛歌庄园（Chateau Haut Brion）就在这里。

庞美洛，位于梅多克的东南部，是波尔多最小的一个产区，这里葡萄酒的主力是美乐葡萄，宝物隆下面没有更小的产区，产区内也没有分级制度，但是这里只生产AOC级的高档红酒，世界上三种最贵的红酒，这里就有两种，玛歌（Chateau Petrus）和里鹏（Le Pin）。这里的土壤深层为黏土，铁含量较高，因此此区的酒里面普遍有一种矿物质的味道。由于美乐葡萄不含粗单宁，这里出产的酒则以丰浓收敛的香气为主。

一直以来，"优质、杰出"是波尔多葡萄酒的代名词。波尔多产区是全世界好葡萄酒的最大产区，究竟有多优质，多杰出，只有来到波尔多才会知道。到波尔多的人都会先被告知一组数据以对波尔多的葡萄酒有一个基础的认识：这座古城及其周边地区拥有超过12万公顷的葡萄种植园，竟然有超过1万个酿酒作坊，生产出57种原产地葡萄酒，每年酿造出8亿瓶包括红酒、干白或甜白葡萄酒、玫瑰红葡萄酒、淡红葡萄酒及气泡酒在内的葡萄酒，其中AOC级的好葡萄酒占总量的95%。贸易总额高达34亿欧元，出口160多个国家，再形象一点来说，全世界每秒钟就有10瓶波尔多葡萄酒被开启供人们分享！

得天独厚的自然、地理条件，丰富的葡萄品种，波尔多成为了酝酿美酒的天堂，这里酿造出的葡萄酒，赢得了全世界的瞩目。

波尔多产区的著名酒庄

八大名庄

1855年，为参加巴黎举办的万国博览会，拿破仑三世令波尔多总商会为其酒制订一个排行榜。当时的61个顶尖酒庄有幸入选，所有五个等级的酒庄都称"列级酒庄"，但只有五家酒庄位列一级，酒届简称"五大"，即：奥比安酒庄（Haut-Brion），号称"格拉夫之王"，唯一非梅多克产区的顶级酒；拉斐酒庄（Lafite-Rochschild），1855年评级时列第一位；拉图酒庄（Latour），欧洲首富毕诺拥有的酒庄；玛歌酒庄（Margaux）；茂同酒庄（Mouton-Rochschild），其酒标上的羊头图案很著名。

波尔多五大主评的是左岸的红葡萄酒。但1855年评级中，伊甘酒庄（Yquem）是唯一被评为一级酒庄的甜白葡萄酒酒庄。伊甘酒庄（Yquem），号称"天下第一酒庄"，其贵腐酒确实独步天下。另外，未参评的右岸酒庄有两家被业界公认水准不逊于"五大"，即白马酒庄（Cheval Blanc）和奥松酒庄（Ausone），右岸圣达美里安酒区的两大酒庄之一。所

以加起来称为"八大名庄"。

玛歌（Chateau Margaux）——典雅气派独特迷人，为誉为波尔多名庄之首

　　玛歌的历史可以追溯到12世纪，当时庄园被称为玛歌小丘（La Mothe de Margaux）。玛歌曾经属于英国爱德华三世所有，15世纪英国统治结束后，玛歌才重新回归法国，当时的所有者德布瑞特家族还拥有拉菲。到了1977年，玛歌被卖给了希腊企业家安德鲁·芒泰洛普罗斯，安德鲁对庄园进行了大规模的更新和修整，对葡萄园、发酵窖、橡木桶窖以及员工住所进行了改善和扩建，安德鲁过世后，女儿科里内·芒泰洛普罗斯继续经营，让曾在60年代处于低潮期的玛歌重振声威，并在2003年将其他股权全部购回。

　　玛歌面积有262公顷之多，其中100公顷种植了葡萄，另外100公顷是森林，包括酒庄和花园，余下的土地则用于饲养家畜。玛歌葡萄园土壤构成较为复杂，有砾石土壤，也有黏土混合坡地，所以庄园采用不同土壤种植不同品种的葡萄，82公顷种植的是红葡萄品种，其中75%为赤霞珠，20%为美乐，5%为品丽珠和味而多。剩下的12公顷则种植白葡萄，全部是长相思。

玛歌红酒颜色清亮，气味香甜优雅，酒体结构紧密细致，入口温柔典雅，是一款将优雅迷人与浓郁醇厚结合的独特酒。

明星酒款：玛歌庄园-2000（Chateau Margaux）

种类：红葡萄酒

国家：法国

产区：波尔多 – 菩依乐村

级别：波尔多列级名庄第一级

年份：2000

酒精度：12.5%

规格：750ML

葡萄品种：75%赤霞珠，20%美乐，5%品丽珠和小华帝。

颜色：漂亮的深宝石红色，如星般闪亮。

气味：开放、柔和、成熟的果香。

口感：入口非常浓郁、精致，单宁柔滑，果香怡人，是极好的玛歌酒。

饮用及配餐建议：饮用前1小时开瓶，温度最好在15℃—20℃。适合与纤维幼细的红色肉类，如牛柳、羊鞍等普遍中浓味中餐菜肴配食。

拉菲（Chateau Lafite Rothschild）——温柔婉约性格内向，拉斐酒庄被认为是"五大"中最典雅的

拉菲是由姓拉菲的贵族在1354年创建，1675年庄园被塞居尔（J.D.Segur）公爵购得，因为塞居尔公爵是当时法国酒界的一号人物，理所当然，庄园也开始走上了制酒之路，直到1868年，罗斯柴尔德（Rothschild）家族才在拍卖会上以440万法郎购得，成为现如今的主人。

拉菲出产的红酒果香浓郁、芳醇柔顺，好像性格内向的贵妇，所以拉菲红酒被誉为"红酒中的皇后"。现在，很多电影、电视剧中都能看到拉菲红酒的身影，其中以1982年份的拉菲红酒曝光率最高，最为名贵，酒庄庄主更是规定不许在庄园内开启1982年份的拉菲红酒，可以想象其珍贵程度。

　　虽然2—3株葡萄树才能生产出一瓶750毫升的红酒，拉菲每年的产量仍然可以达到3万箱，计36万瓶，并且保证品质如一，价格坚挺，说明拉菲在造酒工艺、市场营销和管理手段上都非常出色，这也是其他顶级酒庄无法企及的，所以拉菲排名第一，确实是实至名归。

明星酒款：拉菲罗富齐庄园-2005（Chateau Lafite Rothschild）

　　种类：红葡萄酒

　　国家：法国

　　产区：波尔多－梅多克－菩依乐村

　　级别：波尔多列级名庄第一级

　　年份：2005

　　酒精度：13%

　　规格：750ML

　　葡萄品种：70%赤霞珠，25%美乐，3%品丽珠，2%小华帝。

　　颜色：深浓的颜色。

　　气味：令人欣喜的果香，既含蓄又非常优雅。

　　口感：这是无与伦比的杰出拉菲，有许多成熟、芬芳的果香，柔滑的单宁；极其丰富的层次，细致美妙，世界闻名。

　　饮用及配餐建议：饮用前2小时开瓶，温度最好在15℃—20℃。最佳配食羊扒，淡味鲍、参、翅。

拉图（Chateau Latour）——丰满浓烈阳刚硬朗，风格在五大庄重最为刚劲浑厚

　　拉图最早的记载是从14世纪开始的，1670年被法国路易十四的私人秘书夏凡尼（de Chavannes）买下，之后近三百年间，拉图一直流转在法国的贵族手中。1963年，当时掌握拉图三大家族中的保望（Beaumont）和哥狄龙（Cortivron）把庄园79%的股份卖给了英国的波森（Pearson）和哈维（Harveys of Bristol）集团，这使得拉图成为了英国人的产业，直到1993年，拉图才重回法国人的手中，由法国春天百货公司的老板弗朗克斯·皮诺特（Francois Pinault）以8600万英镑购得。

　　拉图位于波尔多西北50公里的梅多克分产区，气候、土壤条件得天独厚。葡萄园面积65公顷，其中47公顷在中心地带，葡萄品种以赤霞珠为主，占75%左右，美乐占20%，采用密集型种植，庄园中多为30—40岁的老树，葡萄质量高而产量少，每公顷产量不超过5000公升。拉图红酒与拉菲红酒的风格截然不同，拉图红酒口味雄浑刚劲、丰满浓烈，富有阳刚之气，所以被誉为"红酒中的酒皇"。

明星酒款：拉图庄园特级红葡萄酒-2000（Chateau Latour）

种类：红葡萄酒

国家：法国

产区：波尔多 – 梅克多 – 菩侬乐村

级别：波尔多列级名庄第一级

年份：2000

酒精度：12.5%

规格：750ML

葡萄品种：75%赤霞珠，20%美乐，5%品丽珠和小华帝。

颜色：深宝石红色。

气味：有迷人的胡桃木、皮革和黑加仑子的芳香

口感：此酒有甜美的单宁，表现非凡，成熟、纯厚、油滑，但不会有过分沉重的感觉，其酒体均衡而优雅，是浓郁型葡萄酒的典范，口中余香可达四十多分钟，是波尔多最浓郁和厚身的葡萄酒

饮用及配餐建议：饮用前2小时开瓶，温度最好在18℃—22℃，最佳配食烧牛柳、广东扣肉。

奥比安（Chateau Haut-Brion）——穿越平凡芳香骤现，号称"格拉夫之王"

奥比安（Chateau Haut-Brion）创园于1525年，当时只是作为住宅使用，1533年奥比安被尚·朋达克（Jean de Pontac）购得后才开始改造、建设成为专门生产红酒的庄园，同时，尚·朋达克也努力整合周围零星的土地，使奥比安面积得以扩大。之后400年奥比安被不停地交易，拥有者包括海军上将、大主教、波尔多市长、外交部长等诸多功绩非凡的人物。直到1935年，奥比安最后一次易主，美国银行家道格拉斯·狄伦（C-Douglas

Dillon）购买了这座庄园，并投入了大量的资金重新建造庄园，更新酿酒设备，并在1960年时率先在波尔多地区使用恒温不锈钢发酵罐，同时开始进行葡萄无性繁殖的研究。

奥比安又称红颜容酒庄，因为酒庄多次成为淑女名媛的嫁妆，谱写了许多浪漫的爱情故事，所以，人们给酒庄起了这个亲切的别名。另外，奥比安也是最早将红酒出口到美国的波尔多酒庄，现在奥比安出产的红酒依然主要销往美国。奥比安红酒初品感觉有些平凡，但过后所爆发出的多种香气，让人惊叹不已，同时奥比安红酒还经得起时间的考验，可以在瓶中储藏30年以上的时间。

明星酒款：红颜容（奥比安酒庄）-1983（Ch-teau Haut Brion）

种类：红葡萄酒

产地：法国

产区：波尔多-格拉夫

级别：波尔多列级名庄第一级

年份：1983

酒精度：13%

规格750ML

葡萄品种：45%赤霞珠，43%美乐，12%品丽珠。

颜色：璀璨的红宝石色。

气味：香味优雅、复杂而浓郁，有成熟的黑加仑子果香。

口感：充满可人的果香和花香，口感浓郁、复杂、慷慨、成熟，单宁结构精致优雅，非常适合陈年。

饮用及配餐建议：饮用前1小时开瓶，温度最好在18℃—22℃，最好使用玻璃水瓶，适合与红色肉类、如牛扒、羊扒等中浓味中餐菜肴配食，配芝士非常好。

修道院红颜容堡红葡萄酒-1999（Chateau La Mission Haut Brion）

种类：红葡萄酒

产地：法国

产区：波尔多-格拉夫-里奥南

级别：碧莎里奥南法定产区级AOC

年份：1999

酒精度：13%

规格：750ML

葡萄品种：赤霞珠，美乐，品丽珠。

颜色：此酒呈宝石红色。

气味：具有成熟的樱桃以及浆果的香气，另外还有香料、松木等香气。

口感：酒体圆润，口感平衡，单宁成熟细腻；回味中带有成熟浆果的气息。现已进入试饮阶段。

饮用及配餐建议：饮用建议：原瓶1小时，醒酒器醒酒30分钟。饮用温度16℃—18℃。西餐搭配：焖牛肉，野牛肉，鸭肉，羊肉，鸵鸟肉，金枪鱼佐胡椒，炖肉，排骨，牛排，小牛肉，奶酪等。

茂同（Chateau Mouton Rothschild）——复杂浓厚清醇劲道

拉菲和茂同这两个酒庄属于同一家族，但却是家族中两个不同的支系。1853年，银行家罗思柴尔（Baron Nathaniel de Rothschild）买下了庄园，并正式改名为茂同。但是在1855年波尔多酒评级中茂同并没有进入第一级，只排在第二级的第一名。为此整个家族花了118年的时间和努力才争回了第一级的荣誉。1973年茂同正式晋升为顶级一等庄园。

茂同葡萄园面积为200亩，主要种植有解百纳78%，美乐10%，品丽珠10%，味而多2%，而且采摘和去梗都是采用手工的方法，茂同红酒口感浓厚、层次复杂，新酒熟美劲道，陈酒则保持年轻、丰满醇厚，风格与拉图红酒颇有些相似。另外，酒庄每年会邀请一位世界知名艺术家为酒标创作，最著名的是1973年毕加索的酒神狂欢图。因此，不管年份如何，茂同的酒瓶就已经极具收藏价值。

明星酒款：武当（茂同）罗富齐庄园红葡萄酒-2000（Chateau Mouton Rothschild）

种类：红葡萄酒

国家：法国

产区：波尔多－菩依乐村

级别：波尔多列级名庄第一级

年份：2000

酒精度：12.5%

规格：750ML

葡萄品种：80%赤霞珠，8%美乐，10%品丽珠，2%小华帝。

颜色：明亮的深宝石红色。

气味：香味极佳，有黑加仑子和香草的香味。

口感：酒体结构紧密，果香浓郁，单宁细致，陈年后将有极佳的表现。

饮用及配餐建议：饮用前2小时开瓶，温度最好在18℃—22℃，最佳配食烧牛柳、广东扣肉等中浓味菜肴。

白马（Chateau Cheval Blanc）——甘草清香平衡优雅

　　白马的历史并不像上面的其他顶级酒庄那么曲折动人，白马原本只是飞卓庄园（Chateau Figeac）的一部分，后飞卓庄园将土地分块出售，才有了现在的白马。1852年，杰恩·格萨克·福卡德（Jean Laussac Fourcard）与葡萄庄园杜卡斯（Ducasse）家族的女儿米利·海莉薇（Mlle Henriette）结婚，白马是米利·海莉薇的嫁妆，从此白马在福卡德家族中世代相传。

　　白马红酒的特点是成长期和成熟期的口感均很迷人，成长期会带有甘草味道，成熟期则会散发出独特花香，同时保持酒液的平衡和优雅。但白马红酒并不是很稳定，差年份的品质会让人失望，而好年份却能出产超一等品的名酒，其中1947年份的白马是专业品酒家心中近一百年来波尔多最好的酒，现在1947年份的白马已经很难买到，属于极品收藏红酒。

明星酒款：白马庄–1996（Chateau Cheval Blanc）

种类：红葡萄酒

国家：法国

产区：波尔多－圣·达米里翁

级别：圣·达米里翁列级名庄第一级

年份：1996

酒精度：12.5%

规格：750ML

葡萄品种：60%嘉本纳弗朗，40%美乐。

颜色：带紫色光泽的深宝石红色。

气味：气味芳香浓郁，有浆果香、核果香，以及伴有烟熏、香草、薄荷、甘草的香味，橡木香华美而复杂。

口感：开始口感出奇的丰厚，然后渐强，美乐的特点较为明显，平衡而优雅。

饮用及配餐建议：饮用前1小时开瓶，温度最好在15℃—20℃。适合与纤维幼细的红色肉类，如牛柳等普遍中浓味中餐菜肴配食。

奥松（Chateau Ausone）——酒中之诗绵长持久

　　奥松（Chateau Ausone）正式命名是在1781年，而酒庄开始引人注目是在19世纪，当时奥松是圣·达米里翁地区的第四名庄，到了20世纪初期奥松已经是圣·达米里翁地区的第一名庄，名气甚至超过了白马，但20世纪50年代出产的奥松红酒香气简单、酒力薄弱，至此酒庄进入了漫长的低潮期，直到20多年后，年仅20岁的帕斯卡·德贝克（Pascal Decbeck）成为奥松酿酒师才有所改观。1997年，沃尔（Vauthier）兄妹收购了酒庄全部股权，哥哥亲自管理酿酒和日常事务，使得这个时期的奥松酒颇受推崇，也为之后出产更高品质的红酒打下了基础。

　　奥松只有7公顷面积，年产量也仅仅2000箱左右，葡萄园主要种植美乐、赤霞珠和品丽珠。奥松酒庄出产的葡萄酒至少需要10年陈酿才能成熟，而需要酒质更好则需要20年，甚至更长时间。年轻的奥松红酒会含有非常浓的单宁，随着时间的推移，葡萄干、红树梅、黑加仑子的味道便会慢慢浮现。奥松红酒气味开放浓厚、层次丰富、气味沉重、单宁密集，口感印象深刻且回味持久。

明星酒款：奥松庄园–1996（Chateau Ausone）

种类：红葡萄酒

国家：法国

产地：波尔多 – 圣·达米里翁 – 奥松

级别：圣·达米里翁列级名庄第一级

年份：1996

酒精度：12.5%

规格：750ML

葡萄品种：佛郎、梅洛

色泽：红色。

气味：拥有黑梅及黑巧克力的香味。

口感：酒体完整、结实，柔滑的单宁。饮用后更散发出巧克力及芬芳的橡木的余香。

饮用及配餐建议：饮用前2小时开瓶，温度最好在18℃—22℃。

伊甘酒庄（Chateau d'Yquem Sauternes）——甜香缠绵欲罢不能，"五大"之外顶级庄

伊甘酒庄是1855年波尔多葡萄酒评级时"五大"之外唯一的顶级葡萄酒，其贵腐甜酒堪称世界第一。

伊甘酒庄历史悠久，1993年，酒庄举行了家族400年庆典。1593年12月8日，索瓦热（Sauvage）家族协议受让了当时属于王室财产的伊甘酒庄。18世纪末，与苏玳（Lur Saluces）家族联姻，后者延续至今。

伊甘酒庄的创举是用贵族霉侵蚀过的葡萄酿酒。1847年，庄主打猎迟归（一说访俄迟归），错过了葡萄采摘季节，葡萄已霉变。庄主抱着试试看的心理酿酒，竟然发现此酒口味更加甜美。从此，伊甘酒庄就故意晚些采摘，待贵族霉侵蚀后再酿酒。伊甘酒庄在历史上有两笔著名的交易：熟知法国酒的美国第二任总统杰弗逊的大宗订购，以及沙皇兄弟对酒庄1847年贵族霉酒的天价订购。

伊甘贵腐甜酒耐久藏，历经百年而更甜美。由于甜葡萄发酵需温度低时间长，伊甘酒庄的酒要6年后才上市，例如，伊甘2001年底推出的是1996年的酒。

伊甘贵腐甜酒价格昂贵，经常超过波尔多"五大"。其拍卖价更是惊人。90年代曾有一瓶1784年的杰弗逊酒被拍卖，价格约合50万人民币。

伊甘酒庄位于波尔多酒区的苏玳分产区，面积150公顷，其中80公顷种植葡萄，产量很小。采摘时还要手工选择采摘每粒葡萄，只采霉变葡萄，如此反复多次。遇到未出现贵族霉的年份，伊甘酒庄为保证质量，会宣布不生产正牌酒。

明星酒款：伊甘甜酒王白葡萄酒−1994（Chateau d'Yquem）

种类：甜白

国家：法国

产区：波尔多 – 格拉夫 – 苏特思

级别：苏玳区特一级庄

年份：1994

酒精度：14%

规格：750ML

葡萄品种：白沙威浓、沙美龙。

颜色：靓丽的金黄色。

气味：此酒酒香浓郁复杂，又精致优雅，散发出无比芬芳的杏仁、无花果和柏树的香气，柑橘香、柚子味浓烈，经由橡木桶发酵后，隐隐散发出香草和烤面包香，同时不失花香味道。

口感：入口非常圆润柔顺，然后能感觉到酒体极致的平衡和纯美感觉。

饮用建议：温度最好控制在12℃，由于此酒复杂的香气，让它呈现出与许多食物百搭的优点，然而与白汁生蚝、鱼类、龙虾等海鲜搭配则更能凸显双方的美味，与芝士、甜品配食也是很棒的选择。

柏翠（Petrus）——后起之秀品质非凡，被誉为现代八大酒庄之一

柏翠的历史并不算太悠久，1893年，柏翠才属于宝物隆地区的第二位，价格也仅仅在二等品与三等品之间。甚至到了1945年，柏翠仍然还是一个默默无闻的小酒庄。从根本上改变柏翠命运的是卢贝（Loubet）夫人，她高超的推销手段让柏翠在上流社会里流行了起来，并打开了英国市场，到了60年代，连肯尼迪家族也开始享用柏翠红酒。当然，柏翠红酒也拥有不凡的品质，酒庄对于酿酒是不计成本的，例如，为了让葡萄在雨后早点蒸发掉上面

的水珠，柏翠甚至会让直升机来进行风干。

　　柏翠面积为28.5公顷，主要种植美乐，葡萄树平均年龄40岁，每公顷只种植6000株，其年产量为4500箱左右。柏翠地质优越，蕴藏大量矿物质，因此柏翠红酒兼具了早饮及耐储藏的特色。成熟期的柏翠口感浓烈、柔滑丰富，具有黑樱桃颜色和强烈的梅子香气。

　　柏翠红酒的产量少，因此其售价也相当昂贵，在波尔多八大酒庄之中是最贵的，但却是皇室贵族们志在必得之品。

明星酒款：柏翠-1998（Chateau Petrus）

种类：红葡萄酒

国家：法国

产区：波尔多 – 宝物隆

级别：宝物隆特级一等

年份：1998

酒精度：13%

规格：750ML

葡萄品种：5%品丽珠，95%美乐。

颜色：红色。

气味：浓郁的黑色水果香，橡木味优美而且复杂。

口感：复杂、浓郁、独特的红酒，风味高深莫测，丰郁华美，有非凡的平衡感；有成熟的桑果、黑加仑子、香草橡木的香味，是波尔多风格的典范。

配餐建议：醒酒时间为90分钟。温度最好在18℃—22℃。食物搭配：牛腿、羊扒等红色肉类或中浓菜肴。

龙船庄（Château Beychevelle）——朴实无华，性价比不俗

龙船庄位于波尔多左岸名村圣祖利安村。龙船庄由富有及有权势的弗瓦·康帝（Foix de Candale）创立于1446年。1587年，家族后人的女儿玛格丽特（Marguerite）嫁给当时波尔多地区总督德德·埃佩农（Duc D'Epernon），龙船庄作为她的嫁妆进入了德德·埃佩农家门。德德·埃佩农官运亨通，并深得法王亨利三世器重，后来他成为了法国海军总司令。

龙船庄园位于吉隆特河岸，其后花园一直延伸到河边，因此可看到来往船只，在16世纪90年代，龙船庄园的主人德德·埃佩农是一个受士兵和当地居民爱戴的人，所以当往来军舰知道海军总司令住在龙船庄园里之后，为了表示对他的崇拜和敬仰，都自觉地向庄园方向敬礼，但由于河面太宽，距离较远，岸上的将军未必能够看到他们的敬礼，于是他们以斜下半帆达到敬礼相仿的手势角度，配以喊"Baisse-Voile"（法语"下半帆"之意），将军听明其意后非常欢喜，决定酒庄的标志就以一艘龙船下着半帆为标记，并以象音单词"龙船"代表"Baisse-Voile"作为酒庄名字。

龙船庄园随着将军儿子的去世而开始衰落，当时有一部分土地被分割卖出，其中有一部分成为今天的宝嘉龙庄园（CH-Ducru Beaucaillou），此后两百年，龙船庄园不断更换主人，有银行家、酒商，也有政客，但一直没

有受到很好的照顾，酒质时好时坏，所以在1855年的波尔多评级中龙船庄园很遗憾地获得列级庄园第四级。龙船庄园的命运直到19世纪末才开始改变，当时一位银行家获得此庄园之后悉心照顾，把龙船庄园的酒质逐步提高，从此龙船庄踏上了另一段巅峰之路。

明星酒款：龙船庄园特级红葡萄酒-1996（Chateau Beychevelle）

种类：红葡萄酒

产地：法国

产区：波尔多 – 圣祖利安村

级别：波尔多列级名庄第四级

年份：1996

酒精度：12.5%

规格：750ML

葡萄品种：62%嘉本纳沙威浓，31%美乐，5%嘉本纳弗朗，2%小华帝。

颜色：深宝石红色。

气味：酒体浑厚，相当完整的单宁，余味新鲜悠长。

口感：有洋李和浆果的浓郁芳香。这款花香型葡萄酒带有蓝浆果、红加仑子、矿物质与香料的香味。微妙细致、精彩丰满、果香浓郁。经过两至四年的陈年后即可享用，并且在之后的20年内会有相当大的发展。

饮用及配餐建议：饮用前1.5小时开瓶，温度最好在18℃—22℃。最佳配食卤水鸭掌、烩鲍、羊扒。

TIPS

波尔多葡萄酒的分级制度

波尔多葡萄酒在不同时期有不同的等级分类，而且和特定的产区相关。不管哪个年代建立了哪些分类，它们大多建立在产地原则上，例如土壤质量、庄园历史、技术手段、葡萄种植商的技能和葡萄园的品质。其他因素也列入考虑范围，像品质的一致性、庄园声誉和必要的葡萄酒品尝结果。它提供给评估葡萄酒的消费者非独享的参考来源。

1855分级制度

巴黎1855年举办环球博览会之际，拿破仑三世要求每个葡萄种植地区都建立出展葡萄酒的分类。波尔多工商协会将纪龙德葡萄酒项目委托给葡萄酒经纪人协会。分类制度于1973年应部门命令进行修订，木桐酒庄由此名列种植第一级。

这种分级制度只包括了梅多克红葡萄酒（60间）、索泰尔纳和巴尔萨克甜白（26间）和一间格拉夫红葡萄酒。

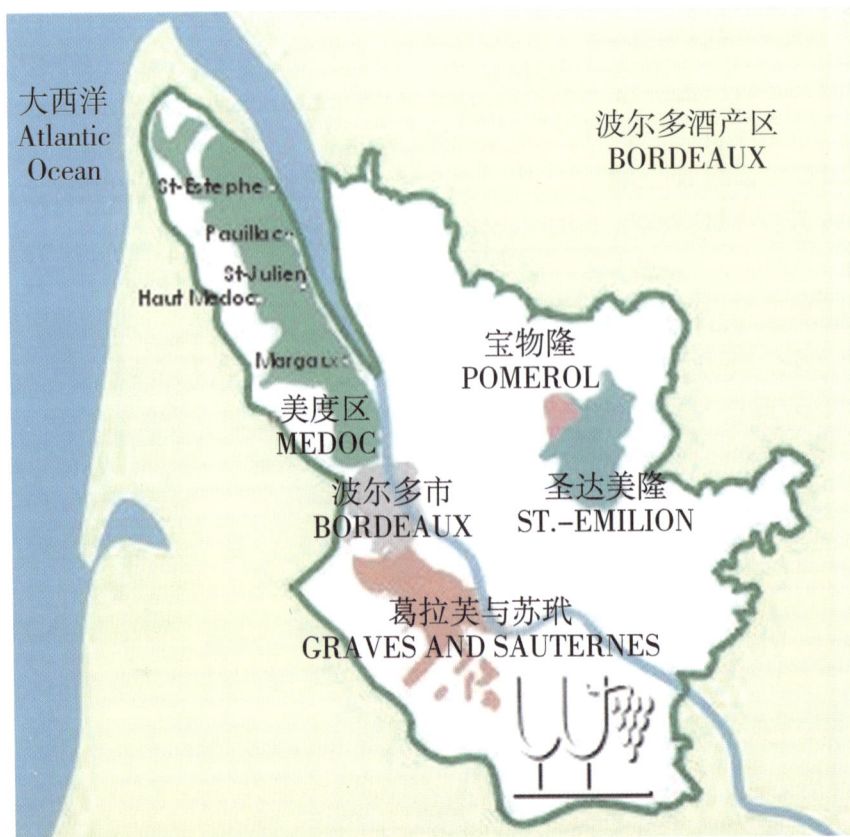

圣·达米里翁分级制度

1954年，为了响应协会关于保护圣·达米里翁葡萄酒的要求，INAO（国家原产地命名研究院）执行基于该产区的首个等级分类制度。法令规定每10年INAO必须对该分类制度进行修订，这使产地优质的原则成为重中之重。按照官方分类标准，只有圣·达米里翁葡萄酒优良等级产区才能被赋予"高级分类"或"一等高级分类"。

格拉夫分级制度

为了响应协会关于保护格拉夫葡萄酒的要求，INAO于1953年对该地区进行分级制度，并于1959年完善并修订。迄今为止，佩萨克·雷奥良法定产区包括了所有格拉夫分类，即，以红葡萄酒和白葡萄酒区分的16间酒庄中，13间列入红葡萄酒分类，9间列入白葡萄酒分类，或有时两种级别兼有。这种分级方法对标有"分类级别"的葡萄酒没有设定等级制度。

梅多克中产酒庄分类

"中产酒庄"是个应运而生的名词，其标识可追溯到中世纪时期，那时波尔多的中产阶级变得富有并购得该地区最好的土地，这就是"中产酒庄"名字的来源。如今"中产酒庄酒"全部产自八个梅多克法定产区的其中之一，它们通常仍属于家庭所有制庄园。20世纪通过数度努力已形成正式的分级制度，因此该标识仍等同于高品质。

梅多克手工酒庄分类

"手工酒庄"名称在梅多克地区已存在150年。2006年1月11日出版的"官方期刊"的跨部门批准决议保留了以来自梅多克、上梅多克和梅多克乡社原产地命名的44间庄园"手工酒庄"的名称。

波尔多产区的区域细分表

AOC级别的葡萄酒也可以细分为许多级，其中，葡萄酒产区名标明的产地越小，酒质越好。

——最低级是大产区名AOC：如Appellation+波尔多产区+Controlee，

——次低级是次产区名AOC：如Appellation+MEDOC次产区+Controlee

——较高级是村庄名AOC：如Appellation+MARGAUX村庄+Controlee

——最高级是城堡名AOC：如Appellation+Chateau Lascombes城堡

Controlee在法定的波尔多大产区名下，可细分为5大法定次产区，列表

如下：

次产区名所辖村庄级产区

梅多克次产区

上梅多克：Saint-Estephe，Pauillac，Saint-Julien，Medoc-Listrac，

Medoc-Moulis，Margaux

格拉夫次产区：Graves，Pessac-Leognan，Cerons，Barsac，Sauterne

布拉依与布尔次产区：Cotes de Boulaye，Cotes de Bourg

利布奈次产区：Fronsac，Cotes-Canon-Fronsac，Pomorel，Saint-Emilion...

两海间次产区：Entre-Deux-Mers，Cadillac，Loupiac，Ste-Croix du Mont...

勃艮第（Burgundy）

相对于波尔多酒而言，法国人更喜欢勃艮第酒区的葡萄酒。波尔多酒柔顺似"酒后"，勃艮第酒由单一葡萄品种酿制，口感刚劲，则为"酒王"，就连路易十四及拿破仑都喜欢勃艮第的酒。

勃艮第种植葡萄的历史，至少可以追溯到公元前1世纪。当时居住在地中海及希腊的高卢人开始将葡萄种子从瑞士传到勃艮第。最早的优质葡萄酒则产生于中世纪时期，源于勃艮第的西多会修士（cisterciens），他们的信念就是只有最好的土地才能酿造出最完美的葡萄酒，直到今天，勃艮第依旧是法国葡萄酒的经典。

勃艮第地处法国内陆的大陆性气候区，地理位置也较波尔多偏北，所以气候较为寒冷，冬季干燥寒冷，春季伴有霜害，夏秋虽温和，但常有冰雹。按理说，这样的气候条件并不是葡萄种植的最佳条件，加上勃艮第地处法国中央山脉，纬度极高，如此纬度绝对是不适宜种植葡萄的。但勃艮第却培育和酿制了如此优良的葡萄

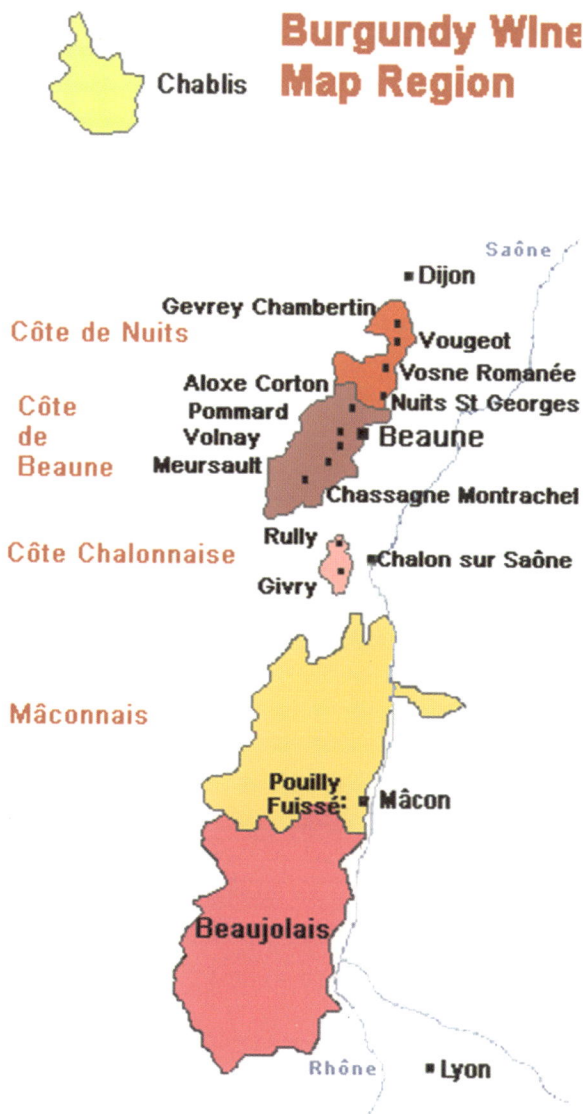

Burgundy Wine Map Region

Chablis

Saône
Dijon
Côte de Nuits
Gevrey Chambertin
Vougeot
Vosne Romanée
Aloxe Corton
Nuits St Georges
Côte de Beaune
Pommard
Volnay
Beaune
Meursault
Chassagne Montrachet
Côte Chalonnaise
Rully
Chalon sur Saône
Givry
Mâconnais
Pouilly Fuissé
Mâcon
Beaujolais
Rhône
Lyon

品种和酒。因为勃艮第的葡萄园大都处在面向南部或东南方向的缓缓山坡上，较好地抵抗了霜冻灾害，避免了西北风侵袭，并有效地利用了太阳的光热，使其种植的葡萄品种越来越好。

勃艮第葡萄产区绵延250公里，涵盖三个县，包括夏布利（Chablis）的Yonne县、夜丘（Cote de Nuits）和布蒙之谷（Cote de beaune）的金丘（Cote d'or）、莎隆（CoteChalonnaise）和马贡（Maconnaise）的Saone-et-Loire。葡萄种植面积达22000公顷。

依据葡萄原产地和品质，勃艮第产区可分为五种法定产区：大区域法定产区，较细区域法定产区，村庄法定产区，一级葡萄园和特级葡萄园。

勃艮第产区包含101个AOC法定产区、562个一级葡萄园、33个特级葡萄园和4000多家酒庄，要理清他们之间的关系淘到一瓶好酒并非易事。但是了解勃艮第AOC等级的第一件事就是"勃艮第无低等级酒"。勃艮第这101个AOC法定产区在数目上占到了全法国400个AOC产区的四分之一，但实际上葡萄酒的年产量仅仅达到了6%而已，绝大多数勃艮第葡萄酒都是属于AOC等级，地区餐酒（Vin de Pays）的产量非常少。

在勃艮第地区适合酿造单一葡萄品种的葡萄酒。主要的红白葡萄各仅有一种，红葡萄为黑皮诺，白葡萄为霞多丽，次要的红葡萄品种如佳美（Gamay），白葡萄品种如阿里哥蝶（Aligote）、黑皮诺和白皮诺（Pinot Blanc）等，都仅仅占非常少的种植面积。在勃艮第一个很有意思的法律规定：作为白葡萄品种的黑皮诺和白皮诺只能加入红葡萄酒的调配，既不能用来单独酿造白葡萄酒，也不能和霞多丽混合。黑皮诺是公认的脆弱娇贵、难以种植，全世界也公认其在勃艮第才有最佳的表现。除了在勃艮第用以酿造红葡萄酒之外，就要以法国的香槟区种植最为广泛。

勃艮第产区著名酒庄

罗曼尼·康帝（Romanee Conti）——天下第一庄园

法国波尔多的酒世界驰名，有五大酒庄等知名的庄园。对于同样知名的产区勃艮第来说，罗曼尼·康帝一个酒庄就可以让勃艮第扬名天下，因为罗曼尼·康帝被誉为"天下第一庄园"。

　　罗曼尼·康帝酒园是法国最古老的葡萄酒园之一。这里最早可以追溯到11世纪之前的圣维旺·德·维吉（Saint-Vivant de Vergy）修道院。圣维旺·德·维吉修道院建于公元900年左右，由维吉（Vergy）的领主马纳赛一世所建，被德维吉城堡保护着。城堡建于7 世纪，位于维吉山的峰顶上，在夜丘的前沿。在西多会教士（Cisterciens）的建设之下，12 世纪开始，区域内的葡萄种植和酿酒已在当地有一定声誉。1232年，维吉家族的艾利克丝德维吉（Alix de Vergy），也是勃艮第女公爵，以证明的形式确保圣维旺·德·维吉修道院在那个时期在相关地块上的所有权，以及种植葡萄和收获葡萄的权益。13 世纪时圣维旺修道院陆续又购买或接受捐赠一些园区。1276年时任修道院院长的伊夫·德·夏桑（Yves de Chasans）买下了一块园区，其中就包含现在的罗曼尼·康帝酒园。几经易手，在1631年8月28日被出售给克伦堡家族，当时酒园还是在领主所在的梧玖（Vougeot）村酿酒。1651年更名为罗曼尼（La Romanée）酒园。

　　克伦堡家族管理时代，罗曼尼酒园声誉日增，价格也扶摇直上。除了梦特拉谢（Montrachet）产区以外，罗曼尼酒园的酒要比周边优质酒园的贵五六倍。1760年，克伦堡家族由于债务缠身，被迫出售罗曼尼酒园，此时酒园已被公认为勃艮第（Bourgogne）产区最顶尖的酒园。而竞争酒园的是当时两位赫赫有名的人物。一位是当时法国国王路易十五的堂兄、波旁王朝的亲王路易－弗朗索瓦·德·波旁（Louis-Francois de Bourbon），或者被称为康帝亲王（Prince de Conti）；另一位则是在朝野影响力极大，法王宠爱的情妇，庞巴杜夫人（Mme de Pompadour）。这场竞争令人瞩目。最后康帝亲王于1760年7月18日以令人难以置信的高价80000里弗尔购入罗曼尼酒园，另外还支付了12400里弗尔买下窖藏的成品酒（当时的交易惯例）。平均每乌武荷（Ouvrée，勃艮第土地面积单位，相当于0.0428公顷）2310里弗尔，而周边上等酒园价格每乌武荷还不到200里弗尔！从而使罗曼尼酒园成为当时世界上最昂贵的酒园，至高无上的地位开始确立。而庞巴杜夫人因为此事，从此不再青睐勃艮第产区的葡萄酒，转而在宫廷里推广唐·佩里农（Dom Perignon），香槟之父发明的香槟酒。

　　罗曼尼酒园到了康帝亲王手中之后，酒园才有了现在的名号：罗曼尼·康帝。其后，1789年法国大革命到来，康帝家族被逐，葡萄园充公。

1794年后，罗曼尼·康帝酒园经多次转手，1819年被于连·欧瓦（Julien-jules Ouvrard）收入囊中，1869年则由葡萄酒领域非常专业的雅克–玛利·迪沃–布洛谢（Jacques-Marie Duvault-Blochet）以26万法郎购入。至此钻石又重新闪耀世间！

迪沃–布洛谢家族经不懈努力，罗曼尼·康帝酒园终于名至实归，真正达到了勃艮第乃至世界最顶级酒园的水准。1942年，亨利·勒华（Henri Leroy）从迪沃–布洛谢家族手中购得罗曼尼·康帝酒园一半股权。延续至今，罗曼尼·康帝酒园一直为两个家族共同拥有。

如今的罗曼尼·康帝是法国最顶尖的酒园，甚至被广泛认为是世界最顶级的红葡萄酒园。

丽花庄（Leroy）

丽花庄（Domaine Leroy）位于科多尔省，一个在勃艮第莫索特附近的小村庄，1868年，弗朗索瓦·勒罗伊（Francois Leroy）先生创立了丽花庄。但当时丽花庄还是一个名气不大的小酒庄。到了20世纪末，弗朗索瓦的儿子约瑟夫（Joseph）跟儿媳路易斯（Louise Curteley）接管了这个酒庄。他们非常细心和严谨地寻找勃艮第优质的葡萄田，为扩大丽花庄的生意而不断努力着。经过不懈的努力，庄园在他们的管理下获得了很多大型酒评比赛的金牌和奖项。然而，这只是丽花开始成名的第一阶段。

1919年，亨利·勒罗伊（Henri Leroy）的加入为丽花庄的发展注入了一支强心针。他把丽花庄的经营范围继续扩大，生意延伸到勃艮第以外的地区，在干邑区和香槟区都建立了酒公司。此外，对丽花家族的发展具有历史性意义的事件发生在1942年。那一年，亨利从雅克尚邦（Jacques Chambon）手中买下勃艮第最昂贵的罗曼丽·康帝酒业集团50％的股份。自此之后，他就把自己的毕生精力投入在集团的发展上，勤奋工作了四十多年。在他的精心打理下，DRC集团已被称之为"勃艮第的珍宝"，出产品质精良的顶级佳酿。

1955年，亨利的女儿勒鲁瓦（Lalou）怀着对家族事业的满腔热忱加入到丽花庄园的管理中来。经过多年的历练和尝试，她体会到勃艮第葡萄酒酿造的精髓……风土赋予葡萄的个性，土壤是关键！因此，她在勃艮第不断地寻找高品质的葡萄园并进行重金收购。

勒鲁瓦女士的努力没有白费，在她的经营下，丽花获得了众多著名酒评家的好评。知名的选酒师和葡萄酒专家雅克·布鲁斯艾斯（Jacques Puisais）在他的酒评里写道："丽花庄就犹如一座罗浮宫，这里是葡萄酒和用他们自己的语言所诠释的文化瑰宝。"《葡萄酒鼻祖》的作者、杰出的酒评家杰恩·雷纳尔（Jean Lenoir）说："在丽花，人们可以随便地从一大堆好年份中找到最好的勃艮第酒。我觉得丽花的酒窖就犹如国会的图书馆那样，珍藏了各种各样的顶级佳酿。"

哥德利安（Claude Chonion）——历史最悠久的酒庄

如果要寻找勃艮第酒产区历史最悠久的酒庄，那么就不能不提哥德利安酒庄，早在1368年的羊皮纸上就有了关于哥德利安庄的最早记录。

1908年，在国际葡萄酒品尝评比赛中来自哥德利安酒庄的"1900年一级美莎"（Meursault Premier Cru 1900）荣获"世界最佳葡萄酒"的称号。消息一传出，就引发了世界葡萄酒业的抢购热潮，无数的买家纷纷涌至哥德利安的酒窖里，在几周之内就将酒庄里可以上市的葡萄酒一扫而光。自那之后，酒庄开始销售自酿的瓶装酒。它同时还选用了当时获奖证书上的图案作为瓶装酒的商标。

现在哥德利安是勃艮第最大的十个酒庄之一，它的园地和产品遍布几乎所有勃艮第的最著名法定产区。哥德利安—香贝天（Claude Chonion-Gevrey Chambertin）产自曾是拿破仑最喜爱的产区——香贝天；哥德利安—风车（Claude Chonion- Moulin A Vent）是知名度极高的勃艮第红酒；哥德利安—雪比利（Claude Chonion-Chablis）是最流行的勃艮第白葡萄酒；哥德利安—普利雪（Claude Chonion-Pouilly Fuisse）高贵迷人。

到1972年，哥德利安酒庄便结束了连续800年由哥德利安家族一直拥有的历史，转而由歌亭家族管理经营。但是哥德利安家族对于葡萄酒的理念与热情却赢得了众多葡萄酒爱好者。

哥德利安宝望庄红葡萄酒-2002（Claude Chonion–Beaune 1er Cru Rouge）

种类：红葡萄酒

国家：法国

级别：宝望一级酒园法定产区酒 AOC

产区：勃艮第一波恩

年份：2002

酒精度：12.5%

规格：750ML

葡萄品种：黑皮诺

颜色：红宝石色。

气味：有花香及野果香，香气清新自然。

口感：中度的酒体，果香浓郁，酒体饱满多果，微辛辣。

饮用建议：饮用前1小时开瓶，温度最好在16℃—22℃。

勃艮第的拉图酒庄（Ch–teau de la Tour de Bourgogne）

拉图庄园坐落于勃艮第著名的产区——华卓葡萄园（Clos-Vougeot）的核心地段，是园内最大和最负盛名的葡萄酒庄。这一带都是昂贵的特级葡萄园汇聚之地。

拉图庄园已经有一百多年历史，葡萄种植面积约为6公顷，一直致力于探索及研究高品质的葡萄酒。在种植葡萄的过程中更注重对土地本身的保护及增值，拉图庄园所出产的每一滴葡萄酒本身所体现的高品质口感均源自每一颗优质葡萄的结晶。

拉图庄园共有两款出品：拉图（勃艮第）庄园红（Chateau De La Tour-Clos-Vougeot Cuvee Classique），拉图（勃艮第）老树红（Chateau De LA Tour-Clos-Vougeot Cuvee Vieilles Vignes）。

他们在酿酒时仍然会大部分采用盖伊阿卡德时期的改良技术酿制。酿造阶段根据葡萄品种进行不去梗发酵，选择适合的温度进行18—20个月的木桶储藏直到装瓶。这些成酒长年放置于地下酒窖中，经过10年或更长时间，会表现出更浓郁的黑葡萄香及由于充分发酵后愈加强烈的个性，有些年份酒经过20—30年的密封储藏后整体品质更呈现成熟及稳定的陈酿能力。

优越的酒质令拉图获得了数不胜数的荣誉，法国餐饮杂志《侍酒师》把拉图庄园评为2000年度法国最佳庄园，1992年的拉图勃艮第红葡萄酒荣获法国500佳葡萄酒，法国葡萄酒协会对1995年拉图勃艮第红葡萄酒的总评分为17分（满分20分）。

拉图（勃艮第）庄园红葡萄酒-2000（Chateau De La Tour-clos-Vougeot Cuvee Classique）

种类：红葡萄酒

国家：法国

产区：勃艮第—华卓园

级别：华卓特等园法定产区酒AOC

年份：2000

酒精度：13%

规格：750ML

葡萄品种：贝露娃

颜色：红宝石色。

气味：酒香浓郁，你能感觉到悠然的花香扑鼻而来。

口感：平衡又雅致。

饮用建议：温度最好在16℃—22℃，此酒陈年15后再饮用，味道更佳。

食物搭配：与野味或者芝士配食，美味无比。

法莱丽（Faiveley）

法莱丽在勃艮第知名度很高，因为它拥有130多公顷的葡萄园，几乎全部集中在著名的金丘区（Cote d'Or）及夏隆内丘区（Cote Chalonnaise），其中金丘区50公顷的葡萄园有四分之三的葡萄园属特级葡萄园或一级葡萄园，此区就在罗曼丽·康帝法定区域的附近。在法莱丽的所有产品中，超过

85％都来自自有的葡萄园。

在葡萄园里，从施用相关的有机肥料，对土壤成分进行相关的调整，葡萄园的土壤越贫瘠，葡萄树的根就扎得越深，甚至深入到岩层里去，吸取到更多的矿物质。用这样的葡萄酿出来的酒才会充满当地风土个性，才是一瓶好的勃艮第酒。

在采收葡萄的时候，法莱丽园使用传统的人工采摘。采摘后的葡萄需要再经过人工精挑细选，才进入浸皮发酵的工序。榨汁后，所有产自一级或特级葡萄园的法莱丽酒都使用100％全新的橡木桶来陈年，在完成陈年后全部不经过滤，原汁进行装瓶，这样更能展现酒本身的复杂个性。

法莱丽已经成为勃艮第大酒园。

法莱丽（香贝天特等园）红葡萄酒–2003（Domaine Faiveley–Chambertin–Clos de Bèze Grand Cru）

种类：红葡萄酒

国家：法国

产区：香贝天

级别：香贝天特等园法定产区酒AOC

年份：2003

酒精度：12.5%

规格：750ML

葡萄品种：贝露娃

颜色：红宝石色。

气味：有黑色浆果香，香料味以及果味的清香。

口感：口感强烈集中，不但优雅而且余味悠长清香。

饮用及配餐建议：饮用前1小时开瓶，温度最好在16℃—22℃。

枫丹甘露（Fontaine – Gagnard）

位于法国东部的勃艮第是一块出产葡萄酒的圣地，特殊的地质结构、气候条件赋予了这里出产价格不菲的葡萄酒，独一无二的个性和稀少的产量，令世界上最昂贵的红、白葡萄酒均来自于这一地区。而枫丹甘露则是以出产这些顶级白葡萄酒而闻名的优秀酒庄之一。

枫丹甘露是勃艮第出产最优质白葡萄酒的村庄之一。它拥有超过10公顷的优质葡萄园，其中包括梦雪真特等园（Le Motrach – et）、伯特梦雪真特等园（Batard-Montrach – et）、莎珊梦雪真一级园（Chassagne-Montrachet）等。

这些顶级好酒酒体稠滑、活泼、深厚和复杂，带有独特的矿物味，味道总是那么的平衡、高雅和集中。在酿造的过程中，园主还非常注重细节，如果是一级酒园的葡萄酒，会使用约三分之一的新橡木桶，而特级酒园则会使用比例更多一些的新橡木桶。一般来说，这些顶级的白葡

萄酒都能够存放15到20年甚至更长的时间。

　　除了拥有众多特级的白葡萄园以外，枫丹甘露也同样拥有一些珍贵的红葡萄园，像宝望地区的宝马一级园还有沃尔奈地区的橡树园（Clos des Chenes）等，这样可令他们的产品结构得到很好的平衡。

枫丹甘露（宝马一级园）红葡萄酒–1999
（Fontaine–Gagnard–Pommard 1er Cru Rugiens）

种类：红葡萄酒

国家：法国

产区：勃艮第

级别：宝马一级园法定产区AOC

年份：1999

酒精度：13.5%

规格：750ML

葡萄品种：贝露娃

颜色：宝石红色。

气味：贝露娃葡萄赋予此酒甘美醇香又典雅的清新香气，也不失果味和适度的酸味。

口感：宝马只产红酒，且出品是全勃艮第红酒中最醇厚浓烈的，枫丹甘露在此之上把酒塑造得更具芳香，风土赋予葡萄的原始风味表现得淋漓尽致！结构良好可陈年。

饮用建议：温度最好在14℃—16℃。

塞纳伯爵（Domaine Comte Senard）

阿乐斯歌顿（Aloxe-Corton）坐落在宝望区的北部，历史悠久，早在公元前2世纪，这里就开始种植葡萄，最早的葡萄园叫柯蒂斯（Curtis），后来才易名为歌顿（Corton）。阿乐斯歌顿占地284公顷，是宝望区面积最大的村庄。这里的土壤由适合白葡萄品种生长的泥灰土和适合红葡萄生长略带红褐色的白垩质土壤构成。其中，阿乐斯歌顿村庄级葡萄园占地96公顷；一级名园占地38公顷，而出产红白葡萄酒的特级园更达到101公顷，是勃艮第面积最大的特级葡萄园，其面积几乎是所有金丘特级葡萄园的一半。而这其中又以占地49公顷出产白葡萄酒的歌顿查理曼特等园最为著名。

塞纳伯爵就是阿乐斯歌顿村里的一颗耀眼明珠，酿造着查理曼大帝所钟爱的阿乐斯歌顿Aloxe-Corton红酒和白酒。塞纳伯爵园中至今仍保持着古老的围墙、塔和拱形的酒窖。值得一提的是庄园的酒窖由圣玛格丽特修道院的僧侣在13世纪修建而成，一直保存至今，年代久远，已成为珍贵的文物，这一切都彰显着塞纳伯爵的悠久历史。

现在，塞纳伯爵家族所拥有的葡萄园面积已经达到9公

顷，面积虽小，但其出品皆为用心酿造的家族精品。

塞纳伯爵共出产17款美酒，共有三个等级，特级园（Grand Cru）、一级园（1er Cru）和村庄级（Aloxe-Corton）。

塞纳伯爵（歌顿独立特级园）红葡萄酒–1999（Corton Clos Des Meix Grand Cru Monopole）

种类：红葡萄酒

产地：法国

产区：勃艮第

级别：歌顿特级园法定产区酒AOC

年份：1999

酒精度：13%

规格：750ML

葡萄品种：贝露娃

颜色：宝石红。

气味：香味和谐，有果树的香味。

口感：非常丰厚。

饮用及配餐建议：温度最好在12℃—16℃，可与所有禽肉配食。

亨利酒园（Henri Rebourseau）

勃艮第产区中拥有众多特等园的金丘最出色的产酒区，是坐落在金丘北部的夜丘，它包揽了勃艮第红酒的25个特级园中的24个，这里可谓是勃艮第红酒的黄金地带。吉菲香贝天（Gevrery-Chambertin）则是夜丘面积最大的产酒村庄，吉菲香贝天村内有非常多的独立庄园，亨利酒园（Henri Rebourseau）就是这里的佼佼者。

在法国，即使很多人没有喝过香贝天的葡萄酒，但都听说过拿破仑最喜欢的酒就是香贝天葡萄酒。因此，产自吉菲香贝天的红酒历年来都能卖得好价钱，但无论如何，村内的贝露娃美酒的确有全勃艮第难出其右的雄浑气势，尤以紧密的口感及严谨的结构最为出色，也是最受酒商喜爱的葡萄酒。

亨利家族在勃艮第拥有葡萄园的历史可以追溯到19世纪，早在1850年，他们就已经开始种植葡萄供给当地的酒商酿造葡萄酒。直到1919年，亨利将军（General Henri Rebourseau）将其老房子附近的葡萄园重新归整以后，酒园才真正发展起来，现在已经发展成为香贝天颇具规模的酒园。整个酒园拥有13.6公顷葡萄园，其中有四个是金丘最负盛名的几个特级园，他们分别是1.3公顷占姆士香贝天，2.2公顷华卓园，0.5公顷香贝天和1公顷玛斯（Mazis）。

亨利酒园每年采收葡萄时都是采用机械收割代替手工劳作，这在勃艮第酿酒传统上简直就是异类，在外人眼里也颇有微词，因为在这里的顶级酒园几乎都是全手工采收葡萄。可事实上如果不采用机械采收，是很难保证收成的及时并减低采收的成本。但无论如何亨利酒园出产的葡萄酒品质还是一流的。

亨利（占姆士香贝天特等园）红葡萄酒-2003
（Henri Rebourseau-Charmes-Chambertin Grand Cru）

种类：红葡萄酒

国家：法国

产区：勃艮第

级别：占姆士香贝天特级园法定产区酒AOC

年份：2003

酒精度：13.5%

规格：750ML

葡萄品种：露贝娃

颜色：酒色明亮深红。

气味：有浓郁的黑樱桃、黑醋栗的味道，伴有丝丝皮革、咖啡、湿土和烤橡木的香气。

口感：入口有樱桃、麝香和甘草的味道。

饮用建议：与其他勃艮第红酒一样，温度最好在16℃—18℃。

丽朗碧奥（Laleure-Piot）

丽朗碧奥庄园位于勃艮第宝望区的北部，寒冷的气候赋予了这里的雪当利白葡萄清新、高贵的气质，是宝望区出产优质白葡萄酒的重要产地。丽朗碧奥庄园拥有大约10公顷的合约葡萄园，产品结构宽广齐全，从村庄级法定产区（AOC）到一级（Premier Cru）和特级（Grand Cru）法定产区，共15个产区，有红葡萄酒也有白葡萄酒。

庄园由家族年轻有为的第5代传人管理。他应用新式的种植与酿制方法，对庄园进行全面的改革。红葡萄酒方面，他采取降低总产量和精细分拣的方式，以此提高葡萄的质量；白葡萄酒方面，他使用传统的压榨方法，这样能够得到更清甜圆润的葡萄原汁。在发酵和橡木桶陈年方面，以自然成熟为主，尽可能减少人为的干预，这样才能突出土壤和气候赋予葡萄酒的天然个性。经过一系列的改革，丽朗碧奥的酒质得到众多品酒大师的肯定。

丽朗碧奥既有红葡萄酒也白葡萄酒。在白葡萄酒方面，来自不同地区的白葡萄对发酵的温度需求有着微小的差别，所以需要特别仔细地控制发酵的温度。为了增加葡萄酒的果香，在榨汁前会进行一系列的低温浸皮处理，让葡萄皮上的芳香物质能够更好的渗入到酒液里。完成发酵后，酒液会装入来自法国的著名橡木产区的木桶进行培养。在接下来长达10个月的培养里，酒将会被定期地搅拌以便让死酵母更好地与酒混合，赋予葡萄酒更圆润的酒体。对红酒的酿制同白酒一样。

这让他们同样拥有独一无二的个性，这是任何地方的葡萄酒都无法比拟的，这就是勃艮第的好酒。

丽朗碧奥（宝卓雷丝一级园）白葡萄酒-2006（Laleure-Piot-Pernand-Vergelesses Blanc 1er Cru）

种类：白葡萄酒

国家：法国

产区：勃艮第—宝卓雷丝

级别：宝卓雷丝一级园法定产区酒AOC

年份：2006

酒精度：13%

容量：750ML

葡萄品种：雪当利

颜色：淡麦色。

气味：这款来自宝望区北部的一级园白酒，同样散发着该区白葡萄酒特有的柚子和白花清香。

口感：有新鲜的苹果清香，又有些许辛香的口感和丝丝蜜糖的甜美后味。

饮用建议温度：最好在8℃—12℃。

力高宝德（Nicolas Potel）

2003年的力高宝德香贝天特等园葡萄酒击败众多顶级名酒庄，摘得97分的高分，荣登勃艮第的榜首位置。力高宝德是在1997年才开始推出自己的第一款酒，庄主是一位酿酒师。出生在葡萄酒世家，其父亲是勃艮第葡萄酒"教父"级的人物。凭着自己雄厚的实力，他在短短的10年间迅速跃升为一颗耀眼的新星。

1997年他成立了自己的公司，利用之前工作的关系网以及父亲的名气，他得到了许多优质葡萄田供应商的合约，并运用这些优质的葡萄酿制自己品牌的酒。著名酒评家克莱夫·高士（Clive Coats）是这样评价的："这是我近年来喝到的最好的酒。我不得不说，这是一种天赋！"

因为其酒质纯净、甘醇，特别能体现出不同产区的风土个性，力高宝德的名气迅速飙升。直到现在，70%的酿酒葡萄都是从合约葡萄园里买回来的。力高宝德与各个名酒田主之间保持着良好的合作关系，他没有一套固定的酿酒风格，只是让它们顺其自然，让每一个年份的酒凸显自己的个性，而这，就是他成功的秘诀。

力高宝德拥有多个勃艮第一级和特等园产品，包括有华纳一级园（Volnay 1er Cru Les Pitures）；华罗曼尼一级园（Vosne-Romanee 1er Cru Les Chaumes）；利好事特等园（Clos de la Roche Grand Cru）；圣丹尼特等园（Clos Saint-Denis Grand Cru）；大依修斯特等园（Le Grand Echezeaux Grand Cru）；依修斯特等园（Echezeaux Grand Cru）；宝马士特等园（Bonnes-Mares Grand Cru）；罗曼尼圣伟岸特等园（Romanee-Saint-Vivant）；歌顿特等园（Grand Cru Corton Grand Cru）；圣伟利宝望（Savigny-Les-Beaune Vieilles Vignes）等。可谓是珠玉满园，全部来自名贵产区，每一款都是爱酒之人不能错过的佳酿。

力高宝德（新得利一级园）红葡萄酒–1999（NICOLAS POTEL SANTENAY）

种类：红葡萄酒

国家：法国

产区：勃艮第

级别：新得利园法定产区酒AOC

年份：1999

酒精度：13%

规格：750ML

葡萄品种：贝露娃

颜色：深石榴红色。

气味：有泥土的香味，且有些许辛辣的感觉。

口感：贝露娃葡萄所赐予酒液的美味和异常柔和的酒香让此酒给人非常和谐但不是贝露娃葡萄特点的奇妙感觉。

饮用建议：此酒最好在温度为14℃—16℃饮用。

菲利普（Philippe Leclerc）

菲利普（Philippe Leclerc）不仅在法国，甚至在美国都有着很高的知名度，称为"勃艮第飞车党的酒"。

菲利普是勃艮第吉菲香贝天产区的知名酒庄，吉菲香贝天是夜丘区最大的葡萄酒产区，遍布了26个一级葡萄园和9个特级葡萄园。这里出产的酒颜色深浓，果香浓郁并带有泥土的气息，酒体结构结实，非常具有陈年的潜质。菲利普家族在吉菲香贝天拥有葡萄园的历史已逾百年，直到1975年葡萄园分割为两部分。

菲利普一直坚持自己酿造的所有酒不过滤，不澄清。这在别人眼中是不可思议的。可是却正因为如此，菲利普的酒才是最富有层次的酒。

菲利普在国际各大展会和酒评家的评比上都获得优异的成绩，可谓载誉无数。菲利普本人是一个追求完美的人，也从来没有满足于现在所取得的成绩，他一直追寻最好的酒。

菲利普（吉菲香贝天一级园）红葡萄酒–2003（Philippe Leclerc–Gevrey–Chambertin 1er Cru Champeaux）

种类：红葡萄酒

产地：法国

产区：勃艮第

级别：吉菲香贝天一级园法定产区酒AOC

年份：2003

酒精度：13.5%

规格：750ML

葡萄品种：贝露娃

色泽：宝石红。

气味：浓郁优雅的口感，同时也散发出泥土、红色水果和肉香的味道。

口感：辛香的味道并不突出，但其高贵雅致的酒香足以令人迷醉不已。有陈年潜质。

最佳品尝温度：14℃—18℃。建议醒酒时间：60分钟。

TIPS

勃艮第下级产区细分

虽然勃艮第有101个AOC子产区，但归总起来可以分为5大子产区，从北向南：

——夏布利（Chablis），因为气候寒冷，只出产白葡萄酒；

——夜丘区（Cote de Nuits），主要出产红酒，并且是全世界最顶级的黑皮诺红葡萄酒产区；

——伯恩区（Cote de Beaune），红白葡萄酒都产，霞多丽（Chardonnay）白葡萄酒也是全球顶尖之作；

——夏隆内区（Cote Chalonnaise），出产圆润好喝的红白葡萄酒，虽非顶级，但也不乏优质好酒；

——马贡区（Macon），气候温和，黑皮诺葡萄已经较难有出色表现，以霞多丽白葡萄酒为主；

勃艮第葡萄酒的分级是按照葡萄园的等级划分的，分为4个等级，这4个等级在酒标上都会有标识：

（1）一般的地区性AOC酒地区性AOC酒占到了勃艮第整体产量的52%，其白葡萄酒大概占55%。与法国其他的地方性AOC的唯一性不同，勃艮第的地方性AOC总共有23种，除了马贡（Macon）地区，酒标上都会标出勃艮第的（Bourgogne）字样；可归纳为以下7种命名方式：

以葡萄品种命名，如阿里高（Bourgogne Aligote）

以酿造方法命名，如克蕾勃艮第（Cremant de Bourgogne）

以葡萄酒颜色命名，如玫瑰（Bourgogne Rose）

以产区位置命名，如（Bourgogne Cote Chalonnaise Macon）

以酒出产的村庄名命名，如村庄（Bourgogne Chitry）

以混合不同品种命名，如（Bourgogne Passe-Tout-Grains）

以一般性品质命名，如（Bourgogne Grand Ordinaire）或（Bourgogne Ordinaire）

（2）村庄级AOC酒村庄级AOC酒仅占到勃艮第整体产量的约35%，其白葡萄酒大概占66%；勃艮第目前有44个村庄级AOC，马贡区和夏隆内区各有5个，夏布利有1个，其余的都在金丘区。酒标上会标示村庄名。如妨依红村（Cote de Nuits Villages）、香贝坦（Gevrey-Chambertin）；

（3）一级葡萄园酒（即Premier Cru 或1er Cru）的酒占到了勃艮第整体产量的约11%，虽然每个葡萄园的面积不大，但数量很多，有562个且数目还在不断增加；酒标上会标示"村庄名称 +Premier Cru（或1er Cru）+ 葡萄园名称"，如吉弗雷—香贝坦一级园/圣 – 杰克（Gevrey-Chambertin 1er Cru Clos Saint-Jacques）；

（4）特级葡萄园（即Grand Cru）Grand Cru等级酒仅占到勃艮第整体产量的2%，此类酒在酒标上不会标示村庄名字，有时也没标示"Grand Cru"，通常只会标示葡萄园的名字，如栖尼（Musigny、La Tache）。

罗讷河谷（Rhne）

罗讷河谷是法国最古老的葡萄酒之源。位于法国东南部，处于里昂城与普罗旺斯区之间。这里温暖如春，终日阳光明媚。有人说，正是罗讷河（Rhne）的艳红长日带来了这里浑厚、饱满、浓烈的红葡萄酒。

罗讷河谷产区历史悠久，是法国最早的葡萄酒产地。考古表明，早在公元1世纪，随着罗马人征服高卢，罗马人就发现了罗讷河谷两岸是种植葡萄的宝地，这里成为法国葡萄酒的发源地。一百多年后，葡萄种植才传到波尔多等地区。

公元14世纪，罗马教廷纷争，教皇移居罗讷河谷地区，在其首府阿维农居住，共有7位教皇在此历经百年，并先后修建了"教皇宫"和夏宫"教皇新堡"。为了满足教廷所需，邻近的葡萄园不断改良葡萄品种和酿造技术，使罗讷河谷产区的葡萄酒质量突飞猛进，产生了如教皇新堡"Chateauneuf-du-Pape"这样的名酒。

罗讷河谷产区沿罗讷河谷的狭长地带自北向南呈条状分布，长约200公里。因气候和土壤条件不同，又可分成北部和南部两大区域。北罗讷地区，气候属大陆性气候，干而冷的北风可加速葡萄成熟。共有西拉（Syrah）等4种法定葡萄品种。其葡萄园多在陡峭的河岸山坡上，形如梯田。由于与勃艮第产区接壤，所以这里的酒与勃艮第酒相似，以单一品种葡萄酒或二至三种葡萄调配酒为主；在南罗讷地区，气候属地中海气候，阳光充足，雨量充沛，也有干冷的强风。共有歌海娜（Grenache）、慕合怀特（Mourvèdre）等13种法定葡萄品种。其葡萄园多是鹅卵石土壤，是独特的景观。世界上酒精度最高的葡萄酒就产于此地，酒精度为16.2度。这主要归因于其南部独特的鹅卵石地貌，鹅卵石白天吸收阳光热量，夜晚再散发给葡萄树，使葡萄更加成熟，酒精度高。

罗讷河谷产区的葡萄酒品种以希拉和格纳希为主，这使其酿酒方法有别于波尔多对橡木桶的推崇。罗讷河谷的葡萄酒很少使用新橡木桶，而且放置在橡木桶内的时间也很短。罗讷河谷的人认为他们的葡萄酒天生丽质，不需要橡木味的涂脂抹粉。这种自信也使得罗讷河谷成为法国仅次于波尔多产区的第二大法定命名产区（A.O.C，即法定命名产区葡萄酒，是法国葡萄酒

　　最高级别），也是世界第二大优质酿酒区。每年此地出产的葡萄酒以红酒为主，约占总产量的九成。法国出口的AOC红酒中，每4瓶中就有1瓶是来自于罗讷河谷。其出产的葡萄酒以红酒为主，约占总产量的94%。

　　除了最为人熟知的薄酒莱新西（Nouveau）和村庄区（Villages）佳酿外，薄酒莱还出产10种顶级美酒，分别是布依利（Brouilly）、布依利丘（Cotes de Brouilly）、摩艮（Morgon）、圣爱村（St-Amour）、风车区（Moulin aVent）、桑纳（Chenas）、西露柏勒（Chiroubles）、花洛黎（Fleurie）、朱里耶纳（Julienas）和雷尼耶（Regnie-Durette）。

TIPS

罗讷河谷产区代表酒款

艾美达吉（Hermitage）是北罗讷最著名的酒。

教皇新堡（Chateauneuf-du-Pape）因两任教皇教庭所在而闻名。

隆河谷地（Cote du Rhone）

习惯上隆河谷地南北分界以蒙特利马市（Monfelimar）为界。北罗讷河谷北部隆河各地历史悠久，早在公元前400多年，罗马人在位于现今北部的豪帝（Cte Rtie）和爱密达吉（Hermitage）一带开始种植葡萄——这也是法国境内最古老的葡萄园之一，但在面积上（仅有2000公顷）与南隆河各地相比是微不足道的。这里气候温和，受地中海影响不大，属于半大陆性气候，雨量相对稳定；由于该地区河谷狭窄，葡萄园多位于陡峭的梯田上，土壤主要以火成岩为主；该地区也是世界上西拉葡萄品种经典代表产区。

南隆河谷气候受地中海影响显著，属地中海式气候，阳光充足，气候温和干燥，但不稳定，暴雨和干旱较频繁。该地区地势相对缓和，以缓和山坡地以及隆河冲积平地为主，土壤主要是石灰岩，葡萄园中布满鹅卵石是该地区的一大特色；与北隆河采用单一品种酿造红葡萄酒不同，该地区主要采用歌海纳、西拉以及木得威尔德三个品种为主的多个品种酿造，而在教皇新堡小产区更是多达13个品种！

隆河谷南部最具知名度的产区，位于阿威农与奥航置之间，由于移居阿威农的第二位教皇杰恩二十二世1320年在此建造避暑夏宫而得名。教皇新堡产区是法国最早的AOC之一，有3000多公顷葡萄园，法定每公顷产量为3.5吨。该产区红酒刚劲，酒体厚实，酒精度高（最低酒精度12.5%v/v），并含有浓重的香料味，常被人们认为是法国南部炎热干燥气候区的典型代表。葡萄的整形方式独特，典型的是"高布雷"（Gobelet）式。土壤多为深厚鹅卵石平地混以红沙壤黏土，有时在地表见不到土壤也不足为奇，排水性特好，光照充足，年日照时数为2800小时，白天砾石吸热反光，夜间释放热量，保证葡萄良好生长。

在这里有13个法定葡萄品种也是全法国绝无仅有的，著名的有歌海纳（le Grenache）、神索（le Cinsault）、慕合怀特（le Mourvèdre）、西拉（la Syrah）、莫斯卡丹（le Muscardin）、苦怒洼（la Counoise）、克莱雷（la Clairette）以及布尔布兰（le Bourboulenc）。独特的气候，使这些品种表现出在别的产区少有的细腻，与该地区遗留的罗马遗迹一样，经得住岁月的考验。

TIPS

隆河谷地产区葡萄酒分级

隆河谷地葡萄酒产区，一般化分为三种级别：

地区级产区葡萄酒，简称CDR（Ctes du Rhone），163个镇分属六个省。

村庄级产区葡萄酒，Ctes du Rhne Village，包括95个镇，其中16个镇可以加注村庄名称。

优良村庄产区，Crus（13 Crus des Ctes Du Rhne），包括13个产区，如著名的南部的Chateauneuf du Pape，北部的Cte-Rotie。

威菲庄园（Vidal Fleury）

威菲酒业，位于法国南部是一家历史悠久的酒厂，早在1781年就已经开始从事葡萄酒的酿造。它是隆河谷地区最古老的酒厂，开创的时候仅有25英

亩的葡萄园，威菲酒业的创始人约瑟夫·比达尔一生追求把隆河谷不同地域出产的葡萄个性融入到葡萄酒里去，他希望自己酿造的每一款酒都是该产区最富代表性的作品。

　　吉佳尔（Guigal）是一个非常精明的生意人，他早年曾在威菲酒业打工。1946年他离开酒厂，自己另立门户并做得相当不错。威菲家族看到了这一点，他们相信，只有把酒厂交给吉佳尔才能拯救威菲。而吉佳尔怀着对旧雇主的感情以及他所熟知的威菲优越的自然条件，他深信威菲一定能酿出当地最好的葡萄酒。接手酒厂后，他开始进行大力的改造和更新，引进大量现代化的酿酒设备。优质的葡萄加上新的酿酒设备，威菲酒厂进入了一个全盛时期。

　　威菲庄园—桃红葡萄酒是最有名的法国玫瑰红葡萄酒，自文艺复兴时期已受到相当高的评价，曾被法王法兰索瓦一世（Francois 1st）和路易十四所赞赏，也是众多伟人喜爱的佳酿。此酒芳香浓郁，带有鲜花的芬芳与水果的香味，口感丰富，优雅而平衡。

威菲庄园—爱美迪-1998（J.Vidal-Fleury-Hermitage）

种类：红葡萄酒

国家：法国

产区：隆河谷—爱美迪

级别：爱美迪法定产区AOC

年份：1998

酒精度：12.5%

规格：750ML

葡萄品种：度拉子

颜色：极深的深红色泽。

气味：酒香浓郁，带有成熟的红色浆果、香料与橡木的特殊香味。

口感：酒体丰满，单宁圆润而结构紧密，略带皮革的烟熏味与辛辣的黑樱桃香味，后味持久悠长。

饮用及配餐建议：温度最好在17℃—20℃。最佳配食红肉类菜肴、辛辣的野味菜肴或者火鸡肉。

稀雅丝（Chateau Rayas）

稀雅丝的庄园面积不是很大，但少而精。就像法国波尔多的极品里鹏一样，每年只出产几百瓶酒。稀雅丝在当地的市场经常是供不应求。因为它的产量稀少，是南法国葡萄酒的珍稀艺术品。

稀雅丝庄园现由雷诺掌管，雷诺（Reynaud）家族拥有该庄园已有120多年的历史了。庄园在雷诺家族4代人的努力经营下从默默无闻的一个小酒庄逐渐成为了隆河谷知名的顶级酒庄。稀雅丝庄园经过40年的不断尝试和改造，庄园的酒质有了显著的提高。

在有了一定的知名度后他们打算把葡萄园扩大再生产。在1935年到1945年之间，他们买下了同样位于隆河谷地区的乾坤庄（Chateau of the Turns）和芳莎丽堡（Fonsalette Castle）。现在稀雅丝和芳莎丽在隆河谷葡萄园占据领军地位，并逐渐扬名于欧洲大陆。

现在的稀雅丝庄园着重把酒质转向优雅、平衡的方向发展等方针，这一系列的改革令他们家族所拥有的庄园和酒的品牌更加稳步发展。

稀雅丝庄园—新教皇城堡红葡萄酒-2002（Chateau Rayas-Chateauneuf-du-Pape Rouge）

种类：红葡萄酒

国家：法国

产区：隆河谷—新教皇城堡

级别：新教皇城堡法定产区AOC

年份：2002

酒精度：13.5%

规格：750ML

葡萄品种：汉拿斯

颜色：明亮的酒红色，边缘呈浅褐色。

气味：香味给人轻快的感觉，酒精味突出但怡人，还有香甜水果香和成熟的单宁味道。

口感：有辛辣的胡椒味，醇香的格那希葡萄香中又带出柔和的酸度，余韵适中。这是一款口感极好的南隆河谷佳酿。

香槟（CHAMPAGNE）独一无二

法国皇帝路易十五宠爱的女人庞巴度夫人曾留下一句名言："香槟是让女人喝下去变得漂亮的唯一的一种酒。"而巴黎人说："香槟是一个年轻男子在做第一件错事时所喝的酒……"

香槟（CHAMPAGNE）一词，寓意具有快乐、浪漫、幸福之意。它具有奢侈、诱惑和浪漫的色彩，也是葡萄酒中之王。在历史上没有任何酒可比美香槟的神秘性，它给人一种纵酒高歌的豪放气概。香槟酒的味道醇美，适合任何时刻饮用，你可以从一个慵懒的早晨喝上一杯提神醒脑，明媚的下午喝上一杯去暑解渴，晚上喝上一杯开胃生津，最后在睡觉前喝上一杯来安神。

香槟区位于巴黎东北方约100公里处的马恩省，北起兰斯市，南至特瓦市。包括马恩省（Marne）、埃纳省（Aisne）和奥布省（Aube）的一部分区域。是法国位置最北的葡萄园。香槟区所处的地理位置决定了它同时受大西洋温和气候和大陆性气候的影响，加上分布广泛的独特的白垩土质，使得香槟区的葡萄的湿度平稳，香味细腻，单宁含量较低而果酸和成熟度恰到好处。这种葡萄最适合酿制风格优雅口感细致的香槟酒。

香槟区的酿酒历史可以追溯到公元1世纪，当时香槟区的一个主教用他所知道的知识栽培葡萄并酿造成酒送给当时的法国国王。从公元9世纪起，法国的国王开始在香槟区的兰斯接受加冕，而兰斯的神圣地位使香槟区的葡萄园受益匪浅。因为继位的国王在隆重的盛典上喝了美味的葡萄酒后，便会给生产这些葡萄酒的酒农们许多捐助并相应减免他们的税收。从此，香槟区的葡萄酒开始了它的辉煌时期。

虽然香槟区的酿酒历史很悠久，但直到17世纪中叶，世界上才出现第一瓶香槟酒。1668年，香槟区有位叫佩里农的传教士，因为喝腻了酒体浓郁的葡萄酒，便突发奇想，要酿造一款甘甜清爽的酒。于

是，他像做化学实验一样，将各种葡萄酒随意勾兑后，用软木塞密封。第二年春天，当他取出酒瓶时，发现瓶内酒色清澈透明，他一摇酒瓶，只听到砰地一声，瓶塞不翼而飞。而就在酒喷出来的一刹那，芳香也四处弥漫开来。他尝了一口，不禁大声欢呼："天使下凡了，他们在酒中撒满了星星！"从此，香槟，这个世界上最浪漫的东西诞生了。

香槟区是法国最早的葡萄酒法定产区，所以，只有在香槟区内生产酿制的酒才能叫香槟酒。除此以外，世界任何地方出品的同类型酒只能称之为起泡酒。在香槟区内，共有4个产区生产香槟酒，它们分别是兰斯山脉，马恩河谷，白岸和巴尔河岸。

香槟酒的酿制有一套十分特殊的工艺。这种工艺从葡萄采摘就开始了。香槟区的葡萄采摘必须完全使用手工，采摘后不能随意扔进葡萄筐里，而是必须用手把一串串葡萄分装进小篮子里，这样可避免葡萄破损而使红色素溢出来。采摘后的葡萄要马上榨汁，按香槟区的规定，每4000公斤的葡萄，只能榨出2500公升用来酿酒的葡萄汁。等到酒装瓶后，要进行瓶中二次发酵，时间至少一年以上。然后再进行人工或机器摇瓶。摇瓶对香槟酒来说特别重要，每次只能将瓶转动15度，这样既能去掉酒泥又能保持酒体的纯净和结构，丰富清新的口感。摇瓶后的香槟酒待装瓶封塞后便能饮用了。

酩悦香槟园（Moet & Chandon）

法国酩悦香槟的历史可追溯至250多年前。酩悦香槟（Moet & Chandon）的源流起自郊游乐园，现已改名为香槟大道。18世纪初，克洛德·莫埃在法国香槟区一个叫埃佩尔奈的小镇从事葡萄酒贸易。多姆·佩里农修士发明香槟酒之后，克洛德即着手试酿生产，并在1743年创办了自己的酒厂。

莫埃家族的香槟酒生意是在克洛德的孙子让·雷米·莫埃手里红火起来的。让·雷米·莫埃与拿破仑私交甚好，他们的友谊一直保持到拿破仑被放逐。拿破仑爱喝香槟，他曾说："战胜时要喝它，战败时也要喝它！"他转战南北，总要路过莫埃家，接受款待并采购香槟。借助与拿破仑的私人友谊，莫埃酒厂的名声越来越大，并有了"皇室香槟"的称号，其产品标识上甚至有一个皇冠。

让·雷米·莫埃晚年时，把莫埃酒厂的经营权交给了他的儿子维克托与女婿皮埃尔·加布里埃尔·昌东。1832年，莫埃酒改名为Moet&Chandon（后译酩悦），即两人姓氏的合写，并沿用至今。到19世纪中期，酩悦已经成为欧洲最有名的香槟酒厂，顾客名单包括欧洲各国的王公贵族。

香槟区独一无二的地质和气候条件，为酩悦香槟提供了最好的原料。精益求精的酿制过程，更使法国酩悦香槟馥郁芳香、口感绵延持久。经过多年发展，酩悦已成为法国香槟区内最大的单一葡萄种植商，拥有的葡萄园占地800公顷，等于全香槟区1/4的面积。当地出产全部17种上等葡萄中的13种，这使酩悦酒厂得以从最多最好的收成中选取葡萄进行酿制。酩悦的香槟酒厂规模也是当地最大的，其酒窖全长近30公里，列全法国之最。

酩悦香槟精选（CUVEE）的"当贝里昂"——香槟王的瓶数，却从来不予公开，据估计约有15万瓶左右。一般的香槟，5年便成熟，过了10年就开始走下坡路。"当贝里昂"却要10年才到达顶峰，再存放10到20年也无妨。因此，其身价较高，也是其成为"香槟王"的因素。

如今酩悦香槟凭借着自己独有的清澈光泽和非凡口感，吸引着众多时尚潮流人士的追随和拥戴。今天的酩悦属法国最大奢侈品集团路易威登（LVMH）所拥有，该集团中的"LV"指的是世界著名奢侈品牌路易威登，"H"指的是白兰地酒中的名厂轩尼诗，"M"则代表酩悦。

法兰西首席香槟园（Bollinger）

首席法兰西香槟（Bollinger）是由约瑟夫·博林格（Jacques Bollinger）和保罗·勒诺丹（Paul Renaudin）于1829年创立。勒诺丹不久就离开了商行，之后一直由博林格家族管理经营，几个世纪以来6代人始终保持着以他们家族命名的香槟酒的风格。

博林格的家族成员从精神到理念，始终坚持着首席法兰西香槟的尊荣地位。在第二次世界大战期间，酒庄由莉莉·博林格女士掌管。她经历了3年的德国占领期，战后，她得到了小镇上最好的葡萄园：格劳维斯、比赛依尔和夏普沃斯，巩固了酒庄现今的规模。直到莉莉70岁时，酒庄中的人们还常见她骑着自行车，在葡萄园里来回巡视。经过近40年的努力，她使得首席法兰西香槟的年销售量增加了一倍——达到100万瓶。

从1829年创立到现在，首席法兰西香槟拥有403英亩特级和一级葡萄园（包括一些19世纪非常珍贵的未嫁接的纯正法国葡萄藤），年产12万箱酒，其中70%的葡萄来自于自己的葡萄园。博林格酿酒只用第一次榨出来的葡萄汁，而第二次榨出来的汁卖给那些酿制廉价香槟的酒庄。优良的葡萄汁可以利用木桶来进行记年香槟的发酵，这种方法酿出的香槟具有充沛的活力，是那些不锈钢容器酿制的香槟所无法效仿的。这个家族所属的葡萄酒庄始终坚定不移地保持着香槟酒的传统制作工艺。其中包括广泛使用黑皮诺，进行桶内发酵（它是现在仅有的雇佣全职制桶工人的香槟酒庄），去除酵母泥渣前所有的香槟酒都要进行额外的成熟过程。多数园内罐装的基酒，仍采用的是瓶内发酵，这在今天已经是非常少见的了。瓶装酒和储备酒仍然采用橡木塞而不是现代的金属瓶帽，因此它们可以禁得住超过4年的酵母陈酿。

优质的香槟需要在酒糟（发酵副产物）上下工夫，这样才能形成香槟独特的风格和丰满的特性。不记年香槟至少要保存3年（法定时间是3个月），记年的要保存5年，而豪华型记年香槟则要保存8年。

该酒庄70%的葡萄产于自己的葡萄园。是香槟区自产葡萄比例最高的酒庄之一。黑皮诺作为主要葡萄品种为法兰西首席香槟带来紧凑的结构、悠长的回味。橡木桶发酵则令它口味更加丰富、优雅。

"特酿"是该酒庄最著名的调制香槟。但对特别优秀的年份，酒庄就会推出特制的"丰年"来展现这一优秀年份的品质和特性。

英国皇室成员非常信赖首席法兰西香槟无人企及的非凡品质，它在1884年被维多利亚女王指定为王室御用香槟。从那以后，任何一个英国君主都从未更改过这一选择。不论是现在还是今后，首席法兰西香槟的原则都是对品质孜孜不倦的追求。过去50年的努力已经让首席法兰西香槟凭借持续并极其优秀的品质成功远销80多个国家。

首席法兰西香槟桃红–NV（Bollinger Rose）

种类：香槟

国家：法国

产区：香槟区

年份：NV

酒精度：12%

规格：750ML

葡萄品种：62%黑皮诺，24% 莎当妮，14% 皮诺莫尼野

颜色：诱人的桃红色。

气味：彰显不失收敛，浓郁不失精细。入口前你还可以感受到如炎热午后的郊外小野莓的芳香。

口感：入口后令人愉悦活泼的果香融合着葡萄酒的精致结构，饱满且柔和的口感使其芳香持久地回绕在口中。

菲丽宝娜庄园（Philipponnat）

菲丽宝娜的高雅气质和优秀品质源自它的家族背景。早在路易十四时期就已被指定为皇室用酒，高贵典雅的气质和清新自然的口感令它成为鉴赏家的宠儿。1522年，菲丽宝娜就在香槟区的阿伊和玛赫依村开始了葡萄酒的酿造。玛赫依村位于香槟区著名的爱柏丽村（Epemay）东部5公里的地方，菲丽宝娜在这里拥有着一座装修豪华、高贵典雅的酿酒房。菲丽宝娜在法国香槟区的核心地带拥有5个世纪的酿酒历史，大量法定的优质园（Premier Crus）和特级园（Grands Crus），其中包括17公顷顶级的贝露娃葡萄园以及大面积优质的雪当利葡萄园。菲丽宝娜用这些葡萄园的葡萄酿出来的酒都富有非常浓郁的香槟区特色并能完整地反映出当地葡萄的个性。在香槟区，只有少数优质的酿酒厂能做到这一点。

到了17世纪，菲丽宝娜发展非常迅速，他们收购了原来跟他们相邻的玛赫依城堡，这样一来，他们的葡萄园已经覆盖了整个玛赫依村，这成为了菲丽宝娜事业发展上的一个里程碑。几百年过去了，菲丽宝娜家族一直兢兢业业打理家族的事业。为其建立了良好的声望和信誉。随着时间的推移，香槟行业的竞争也越来越激烈了。为了进一步巩固自己在市场上的地位，扩大销售渠道和网络，菲丽宝娜在1997年加入了著名的凯旋香槟集团，利用其成熟的市场渠道把香槟出口到世界各地。这一举动为菲丽宝娜注入了新的活力，也为其成为世界知名的香槟品牌奠定了坚实的基础。

菲丽宝娜的酿酒哲学是：顺其自然。因为葡萄的个性、特质都源于天然，任何的人工修饰都只会对酒质造成影响。上帝赐予菲丽宝娜独一无二的土壤和气候，从而酿造出来的酒具有独一无二的品质和个性，它层次丰富的酒香和清新的口感令其与各式各样的美食都能搭配得天衣无缝，因而令它成为众多美食家、鉴赏家追捧的宠儿。

菲丽宝娜—皇家珍藏香槟

菲丽宝娜—皇家珍藏香槟—NV（Champagne Philipponnat Brut Royale）

种类：香槟

国家：法国

产区：香槟区—玛赫依村

年份：NV

酒精度：12%

规格：750ML

葡萄品种：贝露娃、雪当利、贝露曼尼雅

颜色：明亮的金黄色，有大量持久的气泡。

气味：带有柑橘与红色浆果的果香，还有轻微的新鲜面包发酵的气味。

口感：浓郁的酸橙味与红醋栗和黑莓的水果味道，口感平滑。

饮用及配餐建议：温度最好在8℃—10℃。非常适合作为开胃酒，或者与鱼类小菜配食。

菲丽宝娜粉红香槟—NV（Reserve Rosee, Champagne Philipponnat）

产地：法国

产区：香槟区—玛赫依村

年份：NV

酒精度：12%

规格：750ML

葡萄品种：雪当利、贝露娃。

颜色：金黄色中带有玫瑰红色与华丽的紫铜色调。

气味：带有山莓和野生樱桃等红浆果的香味。

口感：酒体醇和平衡。

饮用及配餐建议：温度最好在8℃—10℃。非常适合作为开胃酒，与甜品配食。

凯歌香槟园（Veuve Clicquot）

18世纪，凯歌家族在香槟地区安家。1772年来自银行家族的菲力普·凯歌建立了凯歌酒厂。1780年，酒厂的第一桶酒远渡重洋来到莫斯科。之后方华斯·凯歌从父亲手里接掌生意后，迅速打开了国际市场。在德国、奥地利和意大利，人们都被这琼浆玉液所征服，接着是汉堡、法兰克福、华沙、圣彼得堡等地区。1804年，凯歌香槟酒的出口数已达6万瓶。

1805年，27岁的方华斯·凯歌突然去世，他的妻子妮可·巴尔维·蓬萨丁（Nicole-Barbe Ponsardin）接手了酒园的管理。人们都称她为凯歌夫人。

1810年，拿破仑的远征遭到了挫折，战乱和封锁使得国际市场萎缩了。利润骤减，工人被解雇，酒商一个接一个破产，为了维持酒厂，凯歌夫人不得不变卖首饰。直到1814年，凯歌夫人成功地将香槟运到俄罗斯之后，她才得以脱离窘困的日子，一跃成为了著名的"香槟之母"。1821年，凯歌酒已有每年28万瓶的业绩。

凯歌夫人购买了顶级的葡萄园，种植葡萄的土地都是向阳的坡地，日照时间长。采用经过上百年土壤熟化的葡萄园结出的最好的葡萄，与酿酒专家密切地注意调配混合的品质，从而酿制出至尊品质、至醇品位的香槟，它的品质只有一种——最好的！在凯歌香槟酒庄，无年份香槟至少要陈年30个月，而年份香槟的陈年则至少需要5年以上。凯歌香槟主要采用昂贵的黑皮诺葡萄，这能够带给香槟丰富的层次感和浓郁口感。基于黑皮诺葡萄的丰富而强劲的酒体结构，与夏多内葡萄的精致和新鲜结合，最终带来独特的凯歌香槟风格。

1972年，为庆祝酒庄成立200周年，凯歌香槟推出了第一批"香槟贵妇"，以展现其独特而尊贵的配方。1995年，凯歌香槟酒庄推出了特别为与美食搭配而设计的凯歌银牌年份香槟。1996年，凯歌香槟酒庄最特别的一款香槟—粉红香槟贵妇1988年面世……凯歌香槟酒庄秉承着凯歌夫人不断创新的精神，不断提升酿酒技艺，为人们带来凯歌香槟美妙的绵密之感。

凯歌粉红香槟贵妇-1998（La Grande Dame Rose By Veuve cliquot）

种类：香槟
国家：法国

产区：香槟区

年份：1998

酒精度：12%

规格：750ML

葡萄品种：黑皮诺

颜色：明亮清澈，介于铜色和橙红色之间。

气味：初入鼻，气味浓烈，水果（草莓、柚子和温柏）和辛辣（胡椒、肉桂）的味道伴有精致的矿物气息。当香槟慢慢旋转，更多水果（樱桃和蓝莓酱）的芳香，夹杂着奶油蛋糕的味道飘散出来。

口感：口感倾向活泼浓郁，充满干果、蜂蜜与花朵的芬芳，圆润迷人。

凯歌香槟粉红香槟—N（Veuve Clicquot Non Vintage Rose）

种类：香槟

国家：法国

产区：香槟区

年份：N

酒精度：12%

规格：750ML

葡萄品种：50%—55%黑皮诺，15%—20%莫尼埃比诺，28%—33%莎当妮

颜色：金粉色。

气味：新鲜红果芳香，却不甜。

口感：强劲浑厚。

配餐建议：搭配有些辣味的红肉。

丽歌菲雅香槟园（Nicolas Feuillatte）

丽歌菲雅香槟是法国销量第一、全球销量第三的香槟品牌。丽歌菲雅香槟的创始人尼古拉斯（Nicolas Feulillatte）于1972年在法国的香槟区买下了布鲁兹（Bouleuse）的一个12公顷的酒庄。 1976年，正式创立了丽歌菲雅香槟这个品牌。1978年，第一瓶香槟酒正式诞生了。丽歌菲雅的首款香槟丽歌菲雅特选香槟（brut reserve particuliere）进入了美国白宫，频频出现在各种场合，包括肯尼迪在内的美国各界名流在聚会时都将丽歌菲雅作为首选香槟。经过十多年的精心打理，丽歌菲雅香槟获得了巨大的成功，原有的生产能力已经不能满足需求了。1986年，再三权衡之后，尼古拉斯把丽歌菲雅卖给了实力更加雄厚的一个当地的葡萄酒生产商协会，这一协会由4500名种植业者组成，代表85个合作社，一共控制着2200公顷的葡萄酒庄园。后来，丽歌菲雅酒庄又经过一次次转手，现在为一荷兰商人全资拥有。尽管酒庄的主人数次更换，但丽歌菲雅的品质却依然保持着相当的水准。

丽歌菲雅香槟淡雅、醇郁，酒体呈略浅的金黄色，液面晶亮，气泡细致、均匀。成熟感和丰满特质，入口甘美，酒体浑厚。草莓与黑莓是其主导香味，果香与酸味恰到好处，很清爽很平衡，尾韵长度适中。现在，它已经成为一款世界知名的商业品牌，以性价比高而在昂贵的众多香槟品牌中脱颖而出。

丽歌菲雅特等园香槟–1997（GRAND CRU）

种类：香槟
国家：法国
产区：香槟区
年份：1997
酒精度：12%
规格：750ML
葡萄品种：100％特等园贝露娃
颜色：金黄色的酒液带着铜色的闪光，还有大量精

致的小气泡。

气味：蔬菜的清香、薄荷的味道、接骨木果的香味，犹如雨后森林的清新扑鼻而来……

口感：入口后同样能感受到初闻时的多种美妙香气，口感清新，同时还伴有淡淡的胡椒味道。

配餐建议：适合与广泛的多肉汁型菜式配食，例如烤肉、野味、蘑菇、威灵顿牛排、沙锅松露、烤乳鸭等。

丽歌菲雅金棕榈粉红香槟-2002（Palmes d'Or Rose with Diva Box）

种类：香槟

国家：法国

产区：香槟区

年份：2002

酒精度：12%

规格：750ML

葡萄品种：100%贝露娃

颜色：由于酿造工艺的关系，贝露娃葡萄的皮让此香槟如镀上了迷人的红铜色，艳丽无比。

气味：2002年气候极佳，让贝露娃葡萄充分展现出其美妙的果味：红色水果（如红浆果）和黄色水果（如桃子、杏果）。

口感：入口充满了精致的如肉桂等香料的香味，又有丝丝皮革味道。酒体有力、圆润并精致平衡的口感，还有柔滑的口感作点缀，很是诱人。

配餐建议：此诱人的香槟适合与野味配食。

丽歌菲雅金棕榈香槟–1998（Palmes d'Or with Diva Box）

种类：香槟

国家：法国

产区：香槟区

年份：1998

酒精度：12%

规格：750ML

葡萄品种：50%贝露娃，50%雪当利

颜色：酒液呈现浅黄色调，还有精致的气泡。

气味：有复杂的花香味道之余还有糕饼、焦糖、淡淡的茴香、茴芹和柠檬皮的清香。

口感：口感顺滑又平衡。

路易王妃酒庄（LOUIS ROEDERER）

路易王妃香槟建园于1776年。全园面积178公顷。按照香槟区的种植法（Appellation）种植雪当利（Chardonnay）和贝露诺（Pinot Noir）两种葡萄。此园的区域微型气候相当稳定，因此不管年份如何都能保持一贯品质。在19世纪中期路易王妃在世界上越来越有名气，并深得俄国沙皇亚历山大三世的喜爱。沙皇怕人笑他没品位，喝的只是一般市面有售的香槟，因此他要求路易王妃酒园帮他特别定做质量精益求精并用水晶瓶子装的香槟，美名曰"水晶香槟"（Louis Roederer—Cristal）。自此酒厂每年均收到沙皇的大量订单及大笔的卢布。直至1918年，十月革命推翻了沙皇，又因第一次世界大战的爆发，水晶香槟才停产。自1924年始酒厂又重新生产水晶香槟。由于其酿制的工艺精益求精，品质完美无瑕，因此价格非常昂贵，是世界上最贵的香槟。在中国高级的葡萄酒专门店有售，价格按年份大约在2500—4500元人民币左右。如此昂贵的酒，在发达的西方国家也非一般收入人士可支付。水晶香槟一般是用于上流社会的经典晚宴。据闻也有不少高收入的人士在求婚时向爱侣开一瓶水晶香槟以表态度的真诚和感情像水晶般纯洁。

路易王妃水晶香槟–2000（Louis Roederer Cristal Brut）

种类：香槟酒

国家：法国

产区：香槟区

年份：2000

酒精度：12%

规格：750ML

葡萄品种：52%贝露娃，34% 雪当利，10% 黑皮诺

颜色：金黄色。

气味：含有辛辣的柑橘和浆果的味道。

口感：口感丰实、细致的酒体中蕴涵香味，爽脆而后味悠长。

饮用及配餐建议：温度最好在8℃—10℃。最佳配食鱼子酱、虾刺身、鱼翅烫。

TIPS

香槟分类

法国共有19个著名香槟厂牌，如首席法兰西（Bolinger）、香槟王（Keug）、凯歌（Veuve Cliquot）、酩悦（Moet Chandon）等，其中一级产区制香槟（Champagne Premiere Zone）：法国玛奴（Marne）高地及山谷的葡萄园所产制者。二级产区制香槟（Champagne deuxieme Zone）：法国俄布（Aube），上玛奴（Haute Marne）等地区所产制者。

法国所产的香槟，在瓶塞或卷标上标示香槟区（Champagne）以为识别，若按真正香槟制造方法在瓶内发酵者则标明 "`a la Me'thode Champegnoise" 字样。

香槟有四大家族

1. 躯体之香槟：黑品诺的味道占主导，力道强劲，酒香醇厚而浓烈。入口后的味道让人联想到成熟的麦子，新鲜的牛油，香料，块菰，浅黄色烟丝及香堇。这种香槟有时候带有年份。颜色为金黄色。

2. 心灵之香槟：味道由黑皮诺主导，口感比较醇圆：桃子，椴椊，梨，熟果，蜂蜜，玫瑰花瓣和香料。这种香槟通常带有年份，颜色由黄铜色到玫瑰色。

3. 精神之香槟：味道由霞多丽主导，清新活泼。这种香槟的气泡轻薄，有新鲜杏仁、薄荷和柑橘的香气。颜色也很清淡，呈淡金黄色。

4. 灵魂之香槟：无疑是最享有盛名的——要么是限量特殊酒酿，要么是绝佳的年份。这种香槟已经达到了最佳成熟度，泡沫极其细腻，颜色呈金褐色，酒香持久，深沉而丰富。

香槟酒的年份

1. 不记年香槟：香槟酒如不标明年份，说明它是装瓶12个月后出售的。
2. 记年香槟：香槟酒如果标明年份，说明它是葡萄采摘3年后出售的。
香槟及气泡葡萄酒的5级甜度划分
天然 BRUT：含糖最少，酸。

特干 EXTRA SEC：含糖次少，偏酸。

干 SEC：含糖少，有点儿酸。

半干 DEMI – SEC：半糖半酸。

甜 DOUX：甜

一般甜香槟或半干香槟比较适合中国人的口味。

香槟依据其原料葡萄品种的划分

用白葡萄酿造的香槟酒称"白白香槟"BLANC DE BLANC。

用红葡萄酿造的香槟酒称"红白香槟"BLANC DE NOIR。

香槟品质的鉴别

香槟酒如果气泡多且细，气泡持续时间长，则说明香槟品质好。

香槟的葡萄品种

香槟酒可用以下的葡萄品种来酿制：

Pinot Noir: 比诺瓦红葡萄。

Pinot Meunier: 比诺蔓妮红葡萄。

Chardonnay: 雪多利白葡萄。

TIPS

法国葡萄酒的等级划分

　　法国葡萄酒拥有严格的品质监管制度。其级别分别有：列级名庄（Grand Cru）、中级庄（Cru Bourgeois）、法定产区酒（AOC）、准法定产区（VDQS）、优良餐酒（VDP）及日常餐酒（VDT）。而法国酒中最富文化色彩，最具传奇魅力的当然是"列级名庄"。

以产地划分

　　葡萄酒的好坏跟产区直接相关，好酒都用其产地来命名。爱饮葡萄酒的人士没有谁不知道波尔多（Bordeaux）和勃艮第（Burgundy）的。这是法国两个产酒区的地名，堪称全球最佳酿酒区，也是著名葡萄酒酒质的标志。基本上，法国葡萄酒分成四个等级，最好的酒在招标纸上标有A·O·C，即使不知道酒质如何，这个字样已经能保证它是最好的产地及最真实的原料。

第一级，法定产区酒，Appellationed Origine Controlee（A·O·C）。在酒的商标上，只要是AOC级的法定产区酒，在Appellation和Controlee之间必有一个地名。

第二级，优良产区酒，Vins Delimites de Qualite Superricure（V·D·Q·S）。

第三级，地区餐酒，Vins de Pays（V·P）。这是限定在法国境内产地酿制的酒，不用标明葡萄种类或收成年份。

第四级，日常餐酒，Vins de Table（V·T）。不用标明产地，葡萄种类和年份。

其中第三级的V·P，在法国人心中并非佳酿，不过，其品质还算优良，味道还醇美。第四级的V·T是普及品，几个法郎一瓶，法国人只有在日常生活中饮用。

以年份划分等级

即使来自同一片葡萄田，不同年份出品的葡萄酒，酒质也有很大的不同。因为是纯果汁酒，葡萄的品质决定了酒的优劣。每年的春风秋雨，夏雹冬霜，以至果虫细菌，都会影响果树的生长及果实的孕育。因此，每年生成的葡萄有着质的区别，使每年的酒有着各自的个性。

法国产的葡萄酒，70年代的质都不太理想，属于尚可水平。80年代是丰收年代，除了1984年和1987年较弱外，其余都是好年份。特别是1989年，波尔多、勃艮第的红、白葡萄酒评分都在90分以上。

进入90年代，1990年和1995年都是"黄金年份"。1995年的法国天气令人非常满意，这一年的法国酒价位极高，成为酒类珍藏家的宠儿。

所以，只有商标上标明产地和年份的酒，才有可能是好酒，否则只能是三、四级酒。

AOC标示生产地名的范围越小，等级越高：

　　法国的葡萄酒，除了阿尔萨斯地区之外，都是以产地名作为葡萄酒名。例如在波尔多地区产的葡萄酒名。就以波尔多（Bordeaux）作为酒名。接着是从生产者着手，做进一步的区分。

　　标示生产地名的范围越小规定越严格，品质也越高。同样是AOC等级的葡萄酒，标示地区名梅多克要比标示地方名波尔多更高级。而有村名的葡萄酒则又更高一级。如果是波尔多葡萄酒，加上酒庄名称的更为高级。

　　除了酒庄名以外又加上特仅园（Grand Cru）制分级标示的话，则属最高级的葡萄酒。

意大利

位于地中海区的意大利半岛，整体气候干燥炎热，自然条件非常适合葡萄生长，是全世界最大的葡萄酒出产国，其产量（年产77亿公升）占欧洲总产量33%，全球的1/5。由于地形变化较大，各地气候不同、加之葡萄品种繁多，使意大利拥有许多风味不同、品质独特的葡萄酒。

在基督的故事里，由于上帝造人后没有办法控制他们的行为，看到人们整天争夺、玩乐，所以他派遣了他的儿子基督去拯救执迷不悟的人们，基督为了使人们看清他们的行为，在最后的晚餐中说道面包是他的身体，葡萄酒是他的血液，以牺牲他自己作为醒悟众人……流传至今，已成为教堂做礼拜的仪式用语。可见葡萄酒与意大利人在心灵深处有着多么深厚的情感和意义。

意大利有记载的葡萄酒历史可以追溯到四千多年前。罗马帝国共和制时代的雄辩家西塞罗、恺撒大帝都曾沉迷于意大利葡萄酒中。

在所有葡萄酒生产国中，意大利可以说是最为独特的，因为其领土从南到北都是葡萄酒产区。从北边山区到南端西西里岛，共差10个纬度，全国的土地，又紧邻调节天气高手的山与海，使得每省有其独特的气候。意大利主要产区分为南、中、北三部分（北部经济最发达，南部最差），顶级好酒集中在北部。由于每省自然条件不同，所种植的葡萄截然有异，酒的风格亦有极大差别。

在北意大利严酷的自然环境中产生了世界有名的品质优良的浓厚红葡萄酒和意大利产起泡酒（spumente）等。而中部杉木林立，在低缓的丘陵上遍布葡萄园。这里的葡萄可制成充满生气的柔和的奇安帝（chianti）葡萄酒。而充分享受太阳恩泽的意大利南部，则生产酒精含量高、烈性的葡萄酒。在此集合了充满变化、具有丰富个性的意大利葡萄酒。

意大利葡萄种植总面积为122.7万公顷，是全球葡萄酒产量最多的国家。主要的品种有桑乔维斯（Sangiovese）、内比奥罗（Trebbiano）、维格尼尔（Vernaccia）。用来酿造DOC、DOCG等级葡萄酒的葡萄园达23.3万公顷，因此意大利葡萄酒的地域特色非常明显，即使同一葡萄品种，在不同的产区，特点也不尽相同；加上意大利丰富的葡萄品种，就使得意大利葡萄酒丰富得令人眼花缭乱。意大利的酒庄因为大多古老而且是家族式的代代相传，也就导致了酒庄的规模大都不大，全国80余万家葡萄酿酒生产企业。著名产区有皮埃蒙、威尼托、托斯卡纳。皮尔蒙是意大利最大的产区，出产浓郁丰厚的巴罗洛（Barolo）红酒、口味轻却细腻且香气多变的巴巴罗斯柯（Barbaresco）及有名的起泡酒阿斯蒂龙泡酒（Asti）。托斯卡纳（Tuscany）位于意大利中部西岸邻海，北起佛罗伦萨，南部与坎比利亚和拉提姆接壤；在丘陵和山谷之间，漫山遍野长满了高大的橄榄树，是最优良的酒区。其他名产区维诺诺比尔德蒙塔尔西诺（Vino Nobile de

Montepulciano）、布鲁内罗—蒙塔尔奇诺（Brunello di Montalcino）、基安蒂·曼特贝诺（Chianti Carmignano）、维诺诺比尔德蒙泰普尔松诺（Vino Nobile de Montalcino）、维奈西卡德·圣吉米尼亚诺（Vernaccia de San Gimignano）。

阿布鲁索（Abruzzo）

毗邻亚德里亚海，阿布鲁索出产一款DOCG级别的葡萄酒和三款DOC级的葡萄酒。几座意大利最高的山脉就坐落在该产区的西部。近年来该地区发生了转变，从大规模生产的酒厂转变为以一种更加精益求精的方式来生产葡萄酒。但这种转变的发生不断给阿布鲁索带来骂名。阿布鲁索的DOCG级别葡萄酒是蒙特普尔恰诺果里娜泰拉莫（Montepulciano d'Abruzzo Colline Teramane）；它是一款由蒙帕塞诺葡萄酿成的红酒，并在橡木桶里进行熟化。阿布鲁索的DOC级的葡萄酒分别是孔特罗古埃拉酒，索丽奥乐棠比内洛白葡萄酒和蒙帕塞诺干红。

西西里（Sicily）

西西里岛的土壤非常适合种植葡萄，对于耕种其他庄稼来讲，这块土地几乎没什么用处。西西里春秋两季气候温暖、阳光灿烂，又极少有冬霜，为葡萄酒的生产提供了理想的气候条件。坐落在这里的葡萄园比意大利任何一个产区都要多。最近酒商们将他们的注意力转向了一些当地的葡萄品种，比如弗莱帕托、奈莱洛（红葡萄酒品种）和卡利贝特、卡塔拉托（白葡萄酒品种）。西西里是意大利最有名的加强型葡萄酒之一Marsala的产地。这种甜点酒可以保存50年以上；今天大部分被用于烹饪。西西里有19个DOC级葡萄酒产区，而且出产的90%的DOC级葡萄酒都是类似于马萨尔的甜点酒。西西里也有一款DOCG葡萄酒：切拉索罗。

多天奴（Trentino）

意大利东北部著名酒区有多天奴（Trentino），区内有几个超级酒庄，如胜利侯爵堡（San Leonardo）等，它们都采用了波尔多名种葡萄，酿造出令世人惊喜的极品酒。还有文尼多（Veneto），这是产量非常大的大产区，该区的主要红葡萄品种是：考维诺内，罗蒂内拉，科维纳和莫利纳拉四种，文尼多内有两个著名的法定产区，华普里兹拉（Valpolicella）和亚曼罗丽（Amarone）。华普里兹拉产量极大，以生产中至低价位的酒为主。亚曼罗丽采用收采后风干葡萄、让其失去水分再压榨的酿酒方法，因此亚曼罗丽的酒浓郁、野性、复杂，带着香浓的植物和药物味，酒体厚重而独具一格，闻名天下。

胜利侯爵堡（San Leonardo）

胜利侯爵堡坐落在雅迪结（Adige）河左岸，早在中世纪就有人在这里酿制葡萄酒，公元6世纪，一群来自法国的移民在这块肥沃的土地上定居，并修建了一个教堂。1215年，又从这些教堂、修道院延伸开的一片森林、葡萄园和土地，构成了今天胜利侯爵堡的规模。目前，整个庄园的面积约有300公顷。以种植波尔多的嘉本纳沙威浓、美乐和嘉本纳弗朗等葡萄为主。

胜利侯爵堡一共出品三款葡萄酒，分别是胜利侯爵堡（San Leonardo）、胜利庄园（Villa Gresti di San Leonardo）和美乐。胜利侯爵堡由60%的嘉本纳沙威浓、30%的嘉本纳弗朗和10%的美乐混合酿制而成，酒体呈宝石红，并带有一些石榴红的光泽，酒香浓郁，混合着胡椒味、香草味，入口丰富而温和。另外两款胜利庄园和美乐是以美乐为主的葡萄进行酿制的，胜利庄园是用90%的美乐和10%的加文拿混合生产的，有着平衡的柔滑感，美乐则全部采用了美乐，酒体在年轻的时候带着丰富的水果香味，成年后带有成熟李子的芳香，刚入口微微有一些苦味，回味无穷。正因如此卓越的红酒，胜利侯爵堡被意大利酒业行家誉为该国不可多得的顶级名庄。

胜利侯爵堡–2000（San Leonardo）

种类：红葡萄酒

国家：意大利

产区：多天奴

级别：IGT

年份：2000

酒精度：13%

规格：750ML

葡萄品种：赤霞珠，品丽珠，美乐

颜色：酒体呈宝石红，并带有一些石榴红的光泽。

气味：酒香浓郁，混合着胡椒味、香草味。

口感：入口丰富而温和。

配餐建议：最适合搭配野味或炖肉。

彼尔蒙（Piemont）

意大利西北部的彼尔蒙地区应属最著名的产区之一。因为该区历史长、成名早，加上大部分的酒庄以传统的本土酿酒方法为主，所以有意大利的行内人士将之誉为意大利的勃艮第。说到彼尔蒙，就不能不提及两个优质法定产区巴罗洛（Barolo）和巴巴拉斯高（Babarasco）。两个产区在1980年意大利法定管制订立的时候就被评为最高的等级（DOCG），而全意大利只有26个产区享有这个殊荣。他们均以纳比奥罗（Nebbiolo）作为法定的葡萄品种，但在酿造技术和酒的个性上有很大的区别。

巴罗洛法定产区内有三个著名的村庄，他们分别是巴罗洛（Barolo）、

梦馥迪（Monforte）和拉梦罗（La Morra）。这3个村庄各出产风格相似但性格不完全一样的巴罗洛酒。巴罗洛法定区并不大，区内有大约200多个精品酒庄。巴巴拉斯高比巴罗洛小，区内约有30多个精品酒庄。

彼尔蒙地区的红葡萄品种主要有纳比奥罗（Nebbiolo）、巴比拉（Barbera）和多姿桃（Dolcetto）三种。

赛拉图（Ceretto）庄

赛拉图位于巴罗洛地区的爱巴村（Alba），是一个由三代人拥有的家族精品酒庄，超过70多年的历史。一直以来，赛拉图都是彼尔蒙地区的葡萄酒佼佼者。

布鲁诺（Bruno）是一个精明的商人，他调整整体酿酒的风格，选用最好的巴罗洛和巴巴拉斯高的葡萄，酿造出体现当地风土个性的葡萄酒。随着葡萄树龄的增加、酿酒风格的改变等一系列的改革措施令赛拉图获得了成功！

赛拉图的葡萄园是意大利生产巴罗洛（Barolo）葡萄酒的四个葡萄园区里最贫瘠的一块土地，仅有1.7公顷。但这也意味着它拥有着得天独厚的自然环境。只有贫瘠的土地，才会出产高质量的葡萄。葡萄树的根为了吸取养分，都会深入到十几米以下的岩层里，获得矿物质和养分，从而令葡萄拥有极佳的质量。

除了名贵的巴罗洛酒以外，赛拉图还拥有巴巴拉斯高的一些优质庄园，如亚希立园（Bricco Asili）和伯那多园（Bernardot）等，赛拉图酒厂的产品已经成为高品质葡萄酒的代名词。

赛拉图（雅丝提）白葡萄酒–2009（MOSCATO D'ASTI）

种类：甜白
国家：意大利
产区：彼尔蒙—雅丝提—赛拉图
年份：2009
酒精度：5%—5%
规格：750ML
葡萄品种：100%蜜丝佳桃
颜色：淡黄色酒体。
气味：充满了苹果、蜂蜜、桃子的复杂水果香味。

口感：清新爽口，酸度和甜度非常平衡，余味有一丝蜂蜜味。是一款非常好的餐前、餐后甜点配酒。

玛佳连妮酒庄

玛佳连妮酒庄位于意大利葡萄酒法定产区巴罗洛的拉梦罗（La Morra）村。玛佳连妮有两个在拉梦罗村（La Morra）都很有名气的葡萄园：珍珠园（Brunate）和翠碧园（La Serra）。主要种植纳比奥罗（Nebbiolo），多姿桃（Dolcetto），巴比拉（Barbera）等红葡萄品种。珍珠园更与巴罗洛酒王布鲁勒特园（Bricco Roche–Brunate）为邻，该两园的葡萄用于酿造玛佳连妮的顶级佳酿。

值得一提的是，玛佳连妮的红酒在酿造过程中都不用小橡木桶进行储藏，而是用旧的大型木桶进行存酿。因为他们相信他们葡萄园所出的葡萄已拥有足够的天然单宁，因此不再需要通过橡木的单宁来加强口感。这也是不少巴罗洛酒庄的传统酿造工艺。

马佳连妮巴比拉红葡萄酒–2007（Marcarini–Barbera D'Alba）

种类：红葡萄酒

国家：意大利

产区：彼尔蒙—爱芭区

级别：爱芭法定产区DOCG

年份：2007

酒精度：14%

规格：750ML

葡萄品种：巴比拉

颜色：深宝石红色，带有石榴红的色 。

气味：令人回味无穷的山莓果香，精雅而浓厚。

口感：酒体浑厚，单宁平衡柔滑，香味丰富可人。若陈年足够会充满爆发力。

配餐建议：适宜搭配肉类菜肴。

宝乐山庄（Podere Rocche Dei Manzoni）

宝乐山庄位于意大利北部最著名的法定产区巴罗洛的三大名村之一"梦馥迪村"（Monforte）内，是价格较高、质量罕有的巴罗洛极品酒王之一。也是意大利著名酒评家伯顿安德森（Burton Anderson）所评出的最佳百大意大利酒庄之一。

1972年，瓦伦蒂诺卡格里奥尼（Valentino Migliorini）买下这个庄园。他率先在巴罗洛地区引进昂贵的法国小橡木桶酿酒法（在意大利的巴罗洛地区，大部分酒庄都采用传统的酿造方法，即不采用225升的小橡木桶陈酒），而且也是第一个在巴罗洛地区种植雪当利（Chardonnay）的庄园。就是靠着这样的创新精神，宝乐山庄在人们的怀疑中渐渐站稳脚跟，并成为巴罗洛地区有名的酒庄之一。

宝乐山庄的酒，雄浑、铿锵、丰厚、饱满、复杂，耐人寻味，是巴罗洛的另类风格酒王，也可以说是新派巴罗洛酒王。

内华城堡（Castello Di Neive）

内华城堡位于彼尔蒙大区的巴巴拉斯高地区。内华城堡始建于16世纪，是一座富有中世纪意大利建筑特色的酒庄。但始终默默无闻，直到19世纪时，城堡主人请来了法国著名的葡萄酒专家和商人奥都（Oudart）作为其酿造顾问，才改变了城堡的命运。经过努力，他终于酿造出了一种名叫"内华"（Neive）的酒，并在1857年伦敦举行的国际红酒评比中获得金牌，从此内华城堡声名大振。

城堡共占地60公顷，按照不同地理位置划分了9大园区。每个区内根据不同的土壤性质和气候条件而种植不同的葡萄，主要的葡萄品种有纳比奥多（Nebbiolo）、阿尼斯（Arneis）、多姿桃（Dolcetto）、巴比拉（Barbera）、格露连奴（Grignolino）、贝露娃（Pinot Noir）等。城堡的葡萄酒年产量平均达12000箱，在当地可算是非常有实力的大酒庄之一。

内华城堡—巴巴拉斯高（红）-2006（Castello Di Neive-Barbaresco）

种类：红葡萄酒
国家：意大利
产区：彼尔蒙—巴巴拉斯高产区
级别：DOCG
年份：2006
酒精度：14%
容量：750ML
葡萄品种：100%纳比奥多
颜色：酒色鲜红清澈，明亮有光泽。
气味：有浓郁果味，淡淡的花香味道。
口感：鲜美果香、皮革香、花香，是本区的精品之作。

托斯卡纳（Tuscany）

托斯卡纳大区位于意大利的中部。西接第勒尼安海；东部以亚平宁山脉为界，与艾米利亚·罗马涅大区和利古里亚（LIGURIA）大区相连；南部是丘陵地区，与拉齐奥（LAZIO）大区相接；北部与艾米利亚·罗马涅（EMILIA ROMAGNA）大区相连并有一段与马尔凯（MARCHE）大区相接。

托斯卡纳大区气候温和，尤其是沿海地带。海滨地区经常遭受来自非洲撒哈拉沙漠的西洛可风的影响，降雨较为频繁。托斯卡纳地形复杂多变，山脉和丘陵以及山中盆地和小块平原地带相互交错。这个地区气候温和宜人，春季平均气温15℃，夏季平均气温可达27℃，秋季温和干燥，平均气温16℃，降水主要集中在春秋两季，年降水量914毫米，冬季山区有降雪。

这一大区出产着世界上最知名的一些葡萄酒。名酒庄占全意大利名酒庄的一半以上。当地葡萄园占地15.7万多英亩；是拥有DOCG数量第二多的大区，它拥有五个红酒和一个白酒产区。

西施佳雅（Sassicaia）酒庄

西施佳雅的名字很美，西施佳雅的酒，温柔而优雅，浓郁而富足，让人一饮难忘。有人说，它就是意大利的拉菲，是托斯卡纳的酒王之王。

20世纪二三十年代，马里欧侯爵结婚时，妻子卡拉莉斯带来了一座位于佛罗伦萨西南方100公里处，近海的圣吉多（Tenuta San Guido）酒庄作为嫁妆。当时，马里欧侯爵就决定要生产一种如法国勃艮第红酒般"高贵的"葡萄酒。

1942年，马里欧侯爵在15世纪开建的卡斯替利翁杰罗城堡附近种植赤霞珠（Cabernet Sauvignon），开始酿制葡萄酒。不过因为经验不足，刚酿出的酒单宁太重、味道太涩，难以入喉，只能放在酒窖里蒙灰。后来他得到了拉菲庄的葡萄种树，并用法国橡木桶替代了原来的南斯拉夫橡木桶。同时，他又在20世纪60年代初找到了两块新的更适合葡萄生长的土地，开始种植赤霞珠和品丽珠。经过这一系列的变革，西施佳雅的品质一跃千里。

西施佳雅的酒所选用的葡萄品种是85%嘉本纳沙威浓（Cabernet Sauvignon）和15%嘉本纳佛朗（Cabernet Franc），经法国小橡木桶发酵成熟。酒体呈深红宝石色，拥有丰富的浆果味，还带着一些薄荷香，酒体饱满，味道集中并带香水、烟草、香草等味道，单宁紧密，结实但柔滑，后味果酸平衡可爱，充分显现了其陈年潜质。马里欧侯爵的外甥，酒业巨子彼德安提诺里侯爵（Marchese Piero Antinori）十分欣赏西施佳雅，进而经销此酒并为它广做宣传，当年度的西施佳雅便正式在市面上销售。著名品酒师克拉克（Oz Clarke）曾经品评一瓶1968年份的西施佳雅时的感受，第一直觉反应是这应该是一瓶像波尔多拉菲、拉图那样的一等顶级红酒，不过只是贴错了标签而已。

西施佳雅红葡萄酒-2006（Sassicaia）

种类：红葡萄酒

国家：意大利

产区：托斯卡纳—宝格里—西施佳雅

级别：宝格里法定产区DOC

年份：2006

酒精度：13.5%

规格：750ML

葡萄品种：嘉本纳沙威浓、嘉本纳弗朗

颜色：宝石红色。

气味：酒香优雅，稍微有点儿尚未开放。

口感：口感丰富，结构稳定单宁像丝般柔滑，较少的浆果味，更多的矿物风味，依然体现出酒体的优雅平衡，余韵悠长。

饮用建议：温度最好在14℃—16℃。

雄狮城堡（Castello Sonnino）

雄狮城堡是一座历史悠久，身世显赫的庄园。雄狮城堡坐落在佛罗伦萨西南20公里处、风景秀丽的基安帝梦特巴图（Chianti Montespertoli）。雄狮城堡最早建于公元8世纪，现在酒庄内还有许多17世纪的建筑群，有一座建于13世纪的碉塔，站在上面可以俯望整个佩萨河谷。这些古建筑给雄狮城堡增添了不少气派。自建立之初，雄狮城堡就曾被无数的显赫家族拥有，而后再转手，一直到19世纪初才传到今天的桑尼诺（Sonnino）家族手中。

雄狮城堡拥有200公顷土地，占全基安帝梦特巴图30%的土地面积，其葡萄园面积约45公顷，全部位于海拔190—280米的典型山坡地带，里面种植了圣祖维丝（Sangiovese）、美乐（Merlot）、嘉本纳沙威浓（Cabernet Sauvignon）、玛碧（Malbec）、度拉子（Syrah）、卡耐奥罗（Canaiolo）、扎比安奴（Trebbiano）、梦华西雅（Malvasia）和雪当利（Chardonnay）等等葡萄品种。

　　雄狮城堡出品的酒主要分为两类，一类是传统型的葡萄酒，主要采用本地的葡萄品种，使用传统的托斯卡纳酿制方法进行酿制，主要针对大众市场；另一类是现代型葡萄酒，这类酒选用世界各地的优质葡萄，是创新的典型，主要针对高端市场。这两类酒虽然在选材及酿制方法上都有很大的不同，但是却同样具备口味复杂、沉稳，品质优雅迷人的特点。

雄狮城堡红葡萄酒–2007（Castello Sonnino Chianti Montespertoli DOCG）

种类：红葡萄酒

国家：意大利

产区：意大利—托斯卡纳—基安帝梦特巴图

级别：DOCG

年份：2007

酒精度：13.5%

规格：750ML

葡萄品种：圣祖维斯

颜色：宝石红色。

气味：酒香有醋栗香、红莓香、橡木香，属于经典式香气。

口感：单宁突出，入口有点粗糙，微酸，不够醇和，回味有黑樱桃味，中等长度。

食用建议：温度最好在8℃— 18℃。适合与小菜、意大利菜、白肉类食品以及新鲜干奶酪配食。

华姿山庄（Tenuta di Valgiano）

华姿山庄自14世纪起已经开始葡萄种植，面积42公顷，但葡萄的种植面积只有16公顷。庄主摩拉诺（Morano）于1991年买下该酒庄，便立志要把它做成意大利的一级名庄。自己亲力亲为地照顾每一棵葡萄树、看守着每一桶正在成熟的美酒。正是靠着摩拉诺对酒的热爱和投入，华姿山庄很快就成为托斯卡纳，乃至全意大利的一级名庄。华姿山庄出品两款主要的酒，分别是正牌酒（Tenuta Di Valgiano）和华姿山庄副牌酒（Tenuta Di Valgiano Palistorti）。正牌酒一年只出不到1万瓶，而副牌酒也只有约2万—3万瓶，产量只有拉菲庄的十分之一。华姿山庄的酒主要由传统托斯卡纳葡萄品种圣祖维斯酿成，但也带有少许的度拉子和美乐。

华姿山庄红葡萄酒–2005（Tenuta Di Valgiano）

种类：红葡萄酒

国家：意大利

产区：托斯卡—歌连露姬丝区—华姿山庄

级别：歌连露姬丝法定产区DOC

年份：2005

酒精度：13.5%

规格：750ML

葡萄品种：美乐、桑娇维塞、西拉

颜色：深宝石红色。

气味：典雅精巧的果香，有成熟浆果的芳香，还有香料和矿物的香味，浓郁而持久。

口感：充满令人愉快的甜蜜的水果味道，酒体浓厚，单宁成熟柔和，余韵悠长。

乐姬丝（Le Chiuse）酒园

乐姬丝酒园位于托斯卡纳的梦迪区（Montalcino）内。1840年桑蒂（Santi）家族的女儿卡特里纳桑蒂嫁给比昂迪（Biondi）家族的雅克波·比昂迪，乐姬丝园地就是卡特里纳桑蒂的嫁妆。两个家族的园地合并后开始了葡萄种植和酒的酿造。把庄园的名字也正式改为比昂迪桑蒂（Biondi Santi）。雅克波在庄园内引进了圣祖维斯（Sangiovese）的改良树种"保罗"（Brunello），并酿出了令全意大利为之惊喜的好酒，称为"Brunello Di Montalcino"即梦迪保罗。

比昂迪桑蒂的梦迪保罗果香浓郁，富有陈年天分，能够陈放几十年甚至上百年，是顶级佳酿。该酒迅速闻名遐迩。在1980年意大利的官方评级里，梦迪保罗的葡萄品种和生产工艺被确立为DOCG优质法定产区酒的最高级别。现在，比昂迪桑蒂的梦迪保罗是意大利最昂贵的几款酒之一，并常常出现在世界各地的顶级葡萄酒拍卖会上，被尊称为意大利传统葡萄酒之父，意大利的老酒王。

乐姬丝–梦迪保罗–1999（Le Chiuse–Brunello Di Montalcino）

种类：红葡萄酒

国家：意大利

产区：托斯卡纳—梦迪西露产区

级别：托斯卡纳梦迪法定产区DOCG.

年份：1999

酒精度：13.5%

规格：750ML

葡萄品种：圣祖维斯

颜色：中度宝石红色，边缘有樱桃红色。

气味：此酒散发出浓浓的樱桃果香。

口感：此酒的油腻感和单宁平衡得恰到好处，伴有鲜果香和很好的酸度。

TIPS

意大利葡萄酒的分级制度

意大利葡萄酒的分级系统从1963年开始成立，带有法国制度的影子，共分为四个等级：

DOCG（Denominazione di Origine Controllata e Garantita），表示优质法定产区的葡萄酒，是最高级；

DOC（Denominazione di Origine Controllata），表示法定产区酒，约等同于法国的AOC等级；

IGT（Indicazione Geografiche Tipici），意大利的IGT酒是指没有按照该产区的法定生产规定所产的酒。但由于酿酒者的自由度较大，所以有很多IGT品质相当优秀。其中不少佼佼者是最高品质的意大利极品。质量和价格直逼法国列级名庄，对于酒迷来讲，是一个极具挑战性的选酒圈子。

VDT（Vino da Tavola），是最普通等级的葡萄酒，是意大利葡萄酒的主力，但其中也有不俗的产品。

德国

在破晓前的沉沉雾霭中才能成就的贵腐甜酒；在天寒地冻极致考验下才有望收获的冰酒。从起泡酒到静态酒，从白甜酒到红甜酒，从清新型到浓郁型，在德国你都可以品尝到。

　　德国种植葡萄的历史可追溯到公元前1世纪。那时，罗马帝国占领了日耳曼领土的一部分，就是现代德国的西南部。罗马殖民者从意大利输入了葡萄树以及葡萄栽培和酿酒工艺。中世纪的时候，葡萄和葡萄酒主要是由修道院和修道士发展起来的。此后德国的葡萄酒文化同基督教有着密切的关系，至今有些种植区还留有主教教区的名称。到了19世纪德国的葡萄酒商业比较发达，总种植面积大于今天的几倍。但是后来出于工业革命和战争等各种原因，德国的葡萄酒业衰退了许多。

　　德国共有24万英亩葡萄园，葡萄酒年产量约1亿公升，以白葡萄酒为主，约占总产量的87%。德国的葡萄酒产区分布在纬度47—52度之间，是

世界上纬度最北的葡萄酒酿造地区。靠北的地理位置让德国的气候比世界其他地方的葡萄产区要更寒冷，所以德国的白葡萄酒产量比红葡萄酒的产量要高，而且类型非常丰富。从一般半甜型的清淡甜白酒到浓厚圆润的贵腐甜酒都有，另外还有制法独特的冰酒。德国葡萄酒最大的特点是清新、透明。

德国的葡萄酒产区都集中在西南部气候较温和的区域。主要在莱茵河岸和莫舍河岸，包括莱茵、纳赫、摩塞尔河流域、巴登、乌腾堡等地。其中莱茵河区又分为莱茵高（Rheingau）、莱茵汉森（Rheinhessen）和法尔兹（Pfalz）三个产区。莱茵高所产的白葡萄酒多采用德国著名的威士莲（Riesling）。莱茵区所产的葡萄酒统称"莱茵酒"，口味比摩塞尔河产的酒浓郁一些。

"德国制造"在世界上享有盛誉。因为，德国产品规定严，做工精，一丝不苟。但这只适用于工业产品。农产品的质量常常不能用物理、化学标准来衡量，而是彻头彻尾的"口味问题"，这里特别需要农民的想象力与创造力。但德国苛刻的酒法却给酿酒业带来了很多的限制，要在遵循这些繁琐的规定的前提之下，酿造出香醇的美酒毕竟不是任何酿酒师都可以做到的。

德国葡萄酒法要求冰酒制造过程是不允许人工冻葡萄，这种严格的明文禁令，使德国的冰酒在世界上一直都是佼佼者。冰酒比白葡萄酒的工艺复杂许多，因为除了酿酒师要有丰富的酿酒技艺之外，大部分的时间还要看老天爷赏不赏脸，尤其是进入秋天后，任何天气的改变都可能影响到葡萄的收成和最后装瓶的质量，所以德国冰酒的制造过程就如同我们期待任何一个小生命的诞生一样，少操心是不行的，并且还要有超人的耐心和强健的体魄来应付这漫长而寒冷的冬季。

德国优质高级葡萄酒是世界葡萄酒的阳春白雪，为此，一个葡萄园要根据天气情况和葡萄每穗、每粒的特点，先后采摘4—5次。在采摘葡萄上如此仔细和辛苦，如此一丝不苟，为世界所罕见。

莱茵汉森（Rheinhessen）

莱茵汉森位于沃尔姆斯到美茵茨之间莱茵河及其支流地带最大的弯道区内，从维斯瓦尔德到宾根地区。这是由成千小丘组成的丘陵地带。莱茵汉森是德国最大的葡萄酒产区，葡萄园的面积有26372公顷。有3个子产区：拜恩州（Binern），尼尔施泰因（Nierstein）和沃内高（Wonnegau），

24个酒村，434个单一葡萄园。除了生产"圣母之奶"（Liebfraumilch）普通酒外，也有一些高质量的葡萄酒，这些酒集中出在尼尔施泰因，纳肯海姆（Nackenheim）村庄和奥本海姆（Oppenheim）村庄的一部分，这些地方被称作"前莱茵"（Rheinfront）。这个德国最大的葡萄酒产酿区出产品种丰富的葡萄酒。如：莱茵汉森丝瓦娜（Rheinhessen Silvaner），汉森精选（Selection Rheinhessen），以及日益增长的白、黑皮诺葡萄酒都是该地区质量的亮点。经典酒，白丽瓦娜、丝瓦娜和雷司令占据了主要的产量和地位。同时，果香型的品种也在该地区收获丰厚，如红葡萄品种葡萄牙人和多菲德。

施密特酒庄（Schmitt）

德国施密特世家酒业坐落在德国隆桂希一个风光优美的小镇，靠近德国的莫塞尔地区，毗邻著名的莫塞尔河。凭借一贯严谨的酿酒态度和传统精湛的酿酒工艺，德国施密特世家酒业已发展成一个现代化酿酒工厂，并以合理的价格将

优质的葡萄酒源源不断地输出到世界各地。施密特家族从事葡萄酒酿制艺术已经超过200年的历史，1919年海勒施密特创建了施密特公司，并开始用德国莫塞地区的葡萄酿制优质的葡萄酒。经过施密特家族四代人的努力，施密特公司已经成长为德国最大、最成功的葡萄酒庄之一。

弗里茨温迪诗酒庄（Fritz Windisch）

弗里茨温迪诗酒庄，从1780年就开始了传奇般家族经营酒庄的历史，拥有德国莱茵汉森地区多片上等的葡萄园，不仅提供经典的德国白葡萄品种，如雷司令、西万尼，而且出产极为出色的黑皮诺、丹菲红等红葡萄品种。酒庄的出品涵盖了从普通餐酒到贵腐甜酒、冰酒的整个系列的产品。从白葡萄酒到红葡萄酒、气泡酒，酒庄的酿酒师都有出色的表现。在德国国内以及西欧和北美，弗里茨温迪诗酒庄一流的酒品适宜的价格为他们赢得了世界级的声誉，受到广大葡萄酒爱好者的好评。酒庄在2007年被德国联邦农业协会评为莱茵汉森地区最佳酒庄。

科恩酒庄（Weingut Kern）

莱茵汉森是德国莱茵河畔著名的四大产区之一。科恩（Weingut Kern）酒庄的优质佳酿就源于此。富饶的土地和独特的气候，为科恩酒庄提供了名贵的葡萄品种。怀着对大自然和葡萄酒的热爱，从葡萄种植到葡萄酒酿造的每一个过程都倾注了酒庄工作者的心血和智慧。精心与完美的酿制方法，以及严格的质量检验标准，使得酒庄的葡萄酒酒体饱满明亮，口味清爽细腻，同时还保持了原有的天然果味。这些美酒不论用作餐前开胃或佐以各款佳肴，都堪称上品，因此成为欧洲各地葡萄酒爱好者喜爱的佳酿。

法尔兹（Pfalz）

法尔兹位于德国南部与法国交界的莱茵兰—法尔兹（Rheinland–Pfalz）州，是世界著名的葡萄酒产区。一条被称为"葡萄酒之路"贯穿该州的葡萄种植区。85公里长的德国葡萄酒走廊，以它风景如画的村庄和枝叶繁茂的葡萄园伸展在莱茵汉森和法国之间。在法尔兹温暖、日照充足的气候条件下葡萄长势喜人。法尔兹葡萄园面积达到23804公顷，是德国第二大葡萄产区。北面与莱茵汉森相邻，西南面与法国接壤，这里的土壤由富含有机物质的黏

土和风化的石灰石组成，区内气候温和，是德国平均气温最高的地方，非常适合葡萄生长。因此这里盛产的酒柔和温润、饱满。所产77%为白酒。雷司令是该地区的领军品种，其他如白皮诺和黑皮诺都是精致的白葡萄酒。同时，黑皮诺、多菲德和圣劳伦特（St-Laurent）都是这里的优质葡萄品种。丽瓦娜和葡萄牙人则是渴望尝早酒的葡萄酒爱好者的宠儿。

　　法尔兹内有3个子产区：米德汉德（Mittelhardt），德国葡萄酒之路（Deutsche Weinstrasse），苏德利赫韦恩斯特拉瑟（Sudliche

Weinstrasse），25个酒村，333个单一葡萄园。最好的法尔兹酒来自该地区的北部那些种植雷司令和米勒吐尔高（Muller Thurgau）的葡萄园。而南部则大量种植西万尼（Silvaner）等品种，且高产，生产大量质量平平的葡萄酒。

威特驰（Weltachs）酒庄

威特驰酒庄位于德国葡萄酒第二大产区法尔兹的北部。从1920年开始，莫勒（Maurer）家族就开始掌管威特驰酒厂。1987年，艾伯特·莫勒（Albert Maurer）先生正式起用威特驰的品牌名称。到现在莫勒家族的酿酒传统已经传至第五代。威特驰酒厂的酿酒哲学其实非常简单，酿造出高品质而又有个性的甜葡萄酒，选用正确的葡萄品种是关键，而并不是一味的追随国际化的流行品种。威特驰酒厂坚持采用本国传统的葡萄品种再结合现代化科技来酿制葡萄酒，使其具有传统而独特的风味。现在威特驰已经被公认为德国领先的甜葡萄酒品牌之一。

威特驰威士莲白葡萄酒-2008（Weltachs Riesling，QbA Pfalz）

种类：甜白

国家：德国

产区：法尔兹

年份：2008

酒精度：11%

规格：750ML

葡萄品种：威士莲

颜色：浅亮黄色。

气味：其香味散发着玫瑰、桃子还有杏的味道

口感：口感爽脆，又不乏丝丝的香甜以作点缀。

饮用及配餐建议：是搭配各类鱼肉、海鲜、鸡肉和沙拉的上乘之选。

布克宁·沃夫博士（Dr.Bürklin-Wolf）酒庄

旺肯海姆（Wachenheim）有一个非常著名的酒庄——布克宁·沃夫博士酒庄（Dr.Bürklin-Wolf），它是德国第二大私人酒庄，占地110公顷，它创建于1597年，1777年被沃夫家族的约翰·洛得维希（John Ludwig）接收，并在18世纪收购了天主教的大片葡萄园，酒庄扩大了规模。1846年约翰的孙女嫁给担任德国副议长的布克宁博士，此后布克宁以他的地位使酒庄的名声日显，并成为法尔兹的顶级酒庄。

沃夫酒庄有20多个葡萄园，但4个乡镇的葡萄园非常有特色，其中，瓦亨（Wachenheim）的葡萄果味特香，弗斯特（Forst）矿质丰富，酒的颜色风味好，鲁波特斯（Ruppertsberg）的酒以纯质著称，而戴德海姆（Deidsheim）的葡萄酒以味道醇美而闻名。沃夫酒庄种植的葡萄72%是德国传统的品种雷司令，还有少量霞多丽、黑皮诺、慕斯卡德累（Muskatell）、舍尔雷贝（Scheurebe）。酒庄的葡萄园管理精细，产量控制在4500—5500升/公顷，酿酒基本采用传统的木桶发酵工艺，只有在生产贵腐酒（BA）和干浆果酒（TBA）时才用不锈钢罐发酵。沃夫酒庄每年还酿造贵腐酒、冰酒和干浆果酒，产量达2万瓶，这些精品酒产量如此之大，也是德国其他酒庄望尘莫及的。这与酒庄土地广阔、阳光充足、夜有雾气冷风而冬季霜害少等优越的自然条件有密切关系。

邓肯博士（Weingut Dr.Deinhard）酒庄

庄园的创建人费迪里西邓肯是德国汽酒业的泰斗，其家族于1794年创立的邓肯气酒品牌至今仍然享有盛誉。1917年酒庄转手给霍克家族。霍克家族全权接手庄园后，将部分物业出租给了另一个酒庄，所以现在的庄园内同时有两家酒庄，分别独立酿造各自的品牌好酒，这也成了邓肯庄园（Weingut Dr.Deinhard）内一道独特的风景。

邓肯庄园拥有40公顷的葡萄园，其中拥有大量最适合葡萄生长的园地，园内种植了80%的雷司令、5%琼瑶浆、5%黑皮诺和5%丹菲特等传统的德国葡萄品种。庄园每年会根据葡萄收成的情况按不同比例去调配所需混合的比例，以酿制不同级别和不同口味的葡萄酒，其中绝大多数是干型（dry style）或半干型（off-dry style）白葡萄酒。其中邓肯博士—晚秋（白）雷司令（Deidesheimer Langenmorgen Riesling Spätlese Trocken）就是干型的晚摘雷司令葡萄酒，相当于法国的列级名庄，这款酒入口丰满圆润，满口酸橙和油桃的鲜甜馥郁，可谓是顶级的佳酿；而邓肯博士—

半干（白）雷司令（Deidesheimer Maushohle Riesling Kabinett halbtrocken）则是一款广受欢迎的半干型白葡萄酒，清新的酸度，花香在口中久久缠绵，非常适合与你的好友一同分享；邓肯博士—（白）冰酒（Deidesheimer Herrgottsacker Riesling Eiswein）冰甜的滋味融入口中，一丝甜甜的爱意从心底弥漫开来。

邓肯博士晚秋威士莲白葡萄酒-2006（Dr. Deinhard-Deidesheimer Ma）

种类：白葡萄酒
国家：德国
产区：法尔兹
年份：2006
酒精度：13%
容量：750ML
葡萄品种：100%威士莲
颜色：呈现金黄色的质感，略带微绿色。
气味：有些许的酸橙和新鲜肉香味道且留香非常持久。
口感：酒里几乎保存了一半以上葡萄的原始甜味，且持久留芳，橘子、金橘和水蜜桃的前味逐渐转变为甘美又清冽的微酸。

配餐建议：当甜品饮用，同时也是所有布丁、焦糖类甜品的最佳拍档。

莱茵高（Rheingau）

莱茵高地区的心脏在莱茵河的东西岸，从威斯巴登到吕德斯海姆。在这里，高贵的雷司令和黑皮诺葡萄覆盖了涛努斯丘陵的山坡。莱茵高的成功优势在于其气候条件和约翰内斯贝格（Johannisberg）的修士们，由爱伯尔巴赫（Eberbach）修道院僧侣以及当地贵族若干世纪前开创，保持到今天始终如一的高品质葡萄酒。1775年在约翰内斯贝格由偶然"迟采"的葡萄酿造的葡萄酒为德国日后葡萄酒生产创立了一个新的等级。

　　莱茵高地区葡萄园面积只有3288公顷，但是这里却出产世界级的葡萄酒。莱茵高地区内只有一个子产区就是Johannisberg（约翰山），这里被认为是真正的雷司令的老家。全区还分为10个酒村和119个单一葡萄园。葡萄园面积的81%种植的是雷司令，近年来红葡萄品种，特别是黑皮诺在德国的种植有了戏剧性的增长，目前面积已经达到莱茵高葡萄种植面积的9%。相比摩泽尔（Mosel）的白葡萄酒而言，莱茵高的白葡萄酒不论是颜色、香气、口感、酒体都更重。如果说摩泽尔的酒是莫扎特，那么莱茵高的酒就好比贝多芬。

多登夏特·维尔纳（DOMDECHANT WERNER）酒庄

　　多登夏特·维尔纳酒庄属于德国的顶级酒庄，可以与法国的木桐酒庄齐名，这个家族酒庄有200多年的历史，20公顷的葡萄园位于莱茵河与美茵河的交汇处，山水风光点缀着葡萄园和山坡上的酒庄建筑，像世外桃源，别有趣味。维尔纳酒庄以生产高级雷司令葡萄酒而著名。它像德国葡萄酒皇冠上的宝石，永远闪烁着德国葡萄酒的光芒，当然价格也相当昂贵，每瓶几百马克，有收藏价值。

TIPS

德国葡萄酒的分级制度

　　德国的葡萄酒等级有4大级别，它们分别是：Tafelwei（日常餐酒，是最低等级的葡萄酒，等同于法国的VDT）、Landwein（地区餐酒，等同于法国VDP，属普通日常的良好餐酒）、QbA（优质葡萄酒）、QmP（特别优质酒）。QmP级别内还可以细分为6个等级，根据不同采摘时间和精选程度又细分为6级，每高一级，都用更成熟的、甜度更高的葡萄酿造，1级是头等酒珍藏（Kabinett）用完全成熟的葡萄酿造；2级是晚收酒（Spatlese），用比正常采摘晚7—10天的葡萄酿造；3级是精选酒即串选酒（Auslese），必须用一串串挑选的优质葡萄酿成；4级是浆果精选酒（BA），是将感染灰绿孢霉的处于"贵腐"状态的葡萄一粒粒的采摘下酿造；5级是冰果酒（Eiswein），必须在7℃—12℃的条件下逐粒采摘已结冰的葡萄，并在结冰状态下进行榨汁酿造；6级是干浆果精选酒（TBA），葡萄采摘推迟到近于呈葡萄干的状态，然后逐粒优选和酿造。

西班牙

西班牙王国位于欧洲大陆西南端的伊比利亚半岛，与法国毗邻。这里大部分国土气候温和，山清水秀，阳光明媚，风景绮丽。

　　西班牙的葡萄种植面积达120万公顷，拥有面积最多的葡萄种植园，也是世界上最大的葡萄生产国。葡萄品种非常的多元，已经有600多个品种，但真正经常使用的品种应该有18—20种。

　　西班牙酿造葡萄酒的历史长达三千多年，这些都是令西班牙人引以为豪的。只是因为过去粗放的管理方式和落后的酿造技术，所以葡萄酒的产销量不如法国和意大利，居世界第三位。西班牙的葡萄种植历史大约可以追溯到公元前4000年，是腓尼基人把葡萄引进了西班牙。在公元前1100年，腓尼基人开始用葡萄酿酒，并在西班牙的卡德士（cades）开垦葡萄园。波尔多人来到了西班牙北部的里奥哈（Rioja）和佩尼德斯（Penedes）等地，他们不但带来了技术与经验，还把很多他们掌握的酿酒技巧传授给了当地人，在这段时间，法国的葡萄园大面积被铲除，由于葡萄酒紧缺，很多法国酒商也从西班牙进口了相当数量的葡萄酒，这样就让西班牙的葡萄酒为更多的人所认识和接受，还改进了很多落后的工艺，这才让西班牙的葡萄酒进入了很快的发展时期。从70年代开始酒厂逐渐把酿酒设备都换成了不锈钢制品，压榨设备和酒罐都换成了最新产品；而80年代的革命则集中在了葡萄园里，修剪葡萄枝叶，减少产量，改变葡萄树的间距，解决了葡萄质量不过关的问题。

　　西班牙主要的葡萄酒产区有西南部的加利西亚（Galicia），这是西班牙干白葡萄酒最出众的一个地方；卡斯提尔·莱昂（Castilla ya Leon）位于斗罗河畔，这个产区红、白、玫瑰红酒都出。最出色的还是卡罗河区（Riberadel Duero）这个靠着斗罗河的红葡萄酒产区；里奥哈和那瓦拉（Navarra）普遍出产优质红葡萄的地方；曼查·卡斯蒂利亚（Castilla la Mancha）是出产普通葡萄酒的一个产区，葡萄酒产量非常大；卡特鲁西亚（Catalonia）也是西班牙品质酒的一个产区，巴塞罗纳城市和桃乐丝酒庄就在其境内，这里多种形态的葡萄酒都有，国际品种赤霞珠葡萄被广泛种植，这里的红葡萄酒和气泡酒卡瓦（Cava）都非常的出名；安达鲁西亚（Andalucla）境内是著名的雪莉酒产区，生产西班牙独特风味的不甜和甜的雪莉酒和白兰地。在这些产区中以里奥哈、安达鲁西亚、加泰隆尼亚三地最为有名。靠近首都马德里的拉曼恰地区出产的葡萄酒，几乎占西班牙所有产量的一半。

加利西亚（Galicia）

加利西亚产区位于西班牙的西部，包括的葡萄种植区有蒙特雷依（Monterrei）马约卡原、下海湾、里贝罗和乌迭尔。这是西班牙最难得的优质干白的一个产区，原因是这地方气候凉爽潮湿，酿造的干白新鲜、果香丰富、酸度足等优势。

加泰隆尼亚（Catalunya）

伊比利半岛东北边的加泰隆尼亚，是西班牙葡萄酒的重要产区之一，奠基于自然与传统的葡萄酒业，在加泰隆尼亚人独特的创造力下，为西班牙开创出许多既传统又充满新意的葡萄酒来。从老式口味，带着陈旧氧化香气的蜜思嘉（Moscatel）甜酒到平易近人的卡瓦气泡酒，以及来自全西班牙甚至全球各地的葡萄品种所酿成的各式红酒与白酒，共同汇集成加泰隆尼亚有如调色盘的多样葡萄酒世界。

卡斯提尔·莱昂（Castilla Y Leon）

卡斯提尔·莱昂位于斗罗河畔，这个产区红、白、玫瑰红酒都出。最出色的还是区内斗罗河区这个靠着斗罗河的红葡萄酒区，据说这里出产全西班牙顶端的红葡萄酒，贵且有名的贝加西西里亚酒庄就在这个小产区。

维加西西利亚（Vega Sicilia）酒庄

"西班牙第一名庄"——维加西西利亚，曾受到丘吉尔的大力推崇，前教宗若望保禄二世更把此庄的独一珍藏（Unico）酒当做私房酒，因此庄园每年照例进献四箱给教宗享用。而佛朗哥元帅则宣布本庄园为西班牙的国家红酒文化。"独一珍藏"是这家酒庄的一军酒，从收成到历经大木桶、中木桶和瓶中陈年，至少要经过10年才上市。而二军酒瓦布伦那（Valbuena）也起码要陈年5年才上市，这两款酒甚至在不好的年份索性停产，酒庄对红酒品质的严格要求和耐心，着实令人啧啧称赞。

安达鲁西亚（Andalucia）

安达鲁西亚境内是著名的雪莉酒产区，生产西班牙独特风味的不甜和甜的雪莉酒和白兰地。安达鲁西亚变化多端的风景为葡萄种植区域的多样化创造了条件，无论是在土壤、气候方面，还是在葡萄园的构成和葡萄酒的种类方面，每一个地区都有其独特之处。而在所有地区中，最有名的是四个法定等级葡萄酒产区以生产雪利酒闻名的赫雷斯和生产曼萨倪亚酒的圣卢卡尔·德·巴拉梅达，这两个地区的葡萄园位于大西洋边上，并一直延伸到内陆，包括卡的斯省、韦尔瓦省和塞维利亚省的一部分地区；随后是位于内陆的科尔多瓦省的蒙的亚·莫利莱斯葡萄酒产区；以及同样地处沿海的位于马拉加省的马拉加和马拉加山脉和位于韦尔瓦省的孔塔多·德·韦尔瓦。

加泰隆尼亚（Catalunya）

加泰隆尼亚是西班牙葡萄酒的主要产区之一，其中以香尼德斯、克斯特斯德尔萨葛雷、阿雷亚和贝雷拉塔这些地方出产的酒最出类拔萃，这些酿酒区有"酒窖"的美称。其他如安达鲁西亚、阿拉贡、东海岸等地区也都出产品质甘醇、口感细腻的上等好酒。

除了这四个法定等级葡萄酒产区出产的葡萄酒之外，另外一些不是传统品种的

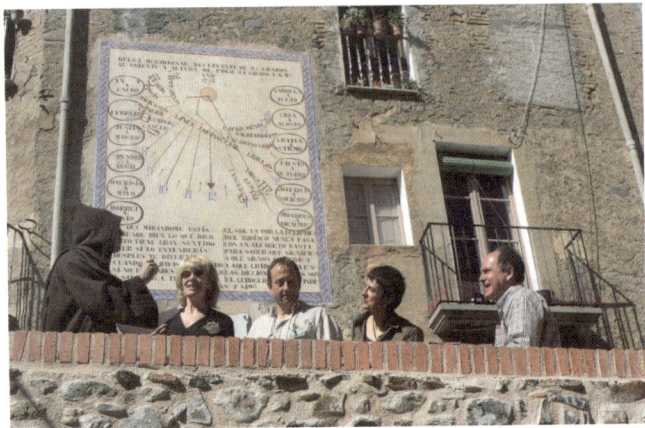

餐酒和乡村餐酒、白葡萄酒、桃红葡萄酒和红葡萄酒的产量也在不断增长，这些酒或是用本地特有的葡萄品种酿制，或是由在安达鲁西亚培育的新品种酿制。

桃乐丝酒园（Torres）

　　桃乐丝在西班牙是最大的家族酿酒企业。早在17世纪，桃乐丝家族就开始在西班牙宾纳戴斯地区古老的加泰朗镇酿造葡萄酒。然而，杰米·桃乐丝（Jaime Torres）正式建立桃乐丝葡萄酿酒公司则是在19世纪末。现在，桃乐丝公司的葡萄酒已经饮誉全世界。

　　桃乐丝家族从创始人杰米·桃乐丝起，至今已经是第五代了，现在的桃乐丝酒业集团在西班牙设有两个大型葡萄种植园，在葡萄牙、在法国、在拉丁美洲，以及在美国的加利福尼亚都设有种植园和酿酒厂，保证一年四季都可以采摘葡萄。

　　在西班牙维拉福兰卡宾纳戴斯（Vila

Franca del Penedes）地区的老产区，除了使用先进的机械化采摘和酿造设备，还保留着300年前的传统酿造技术，每年用这种传统手法酿造出来的红酒，一部分特供给世界各国的高档宴会，另一部分则收藏进有百年历史的恒温酒窖中。

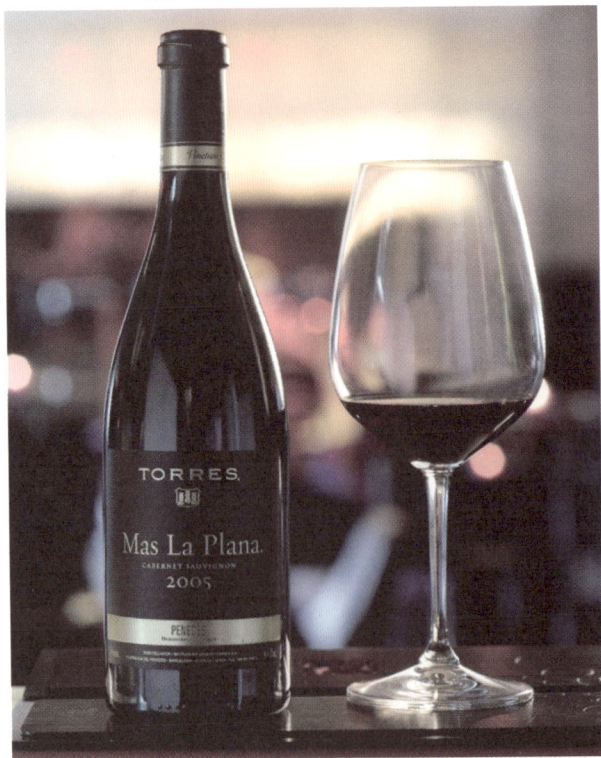

桃乐丝黑牌玛斯拉普拉那干红葡萄酒-2005（Torres "Black Lable" Mas La Plana）

种类：红葡萄酒
产地：西班牙
产区：宾纳戴斯
年份：2003
酒精度：14%
规格：750ML
葡萄品种：100%赤霞珠
颜色：宝石红色。
气味：橡木味很重，果味也比较强，但回味甜。
口感：口感强烈。

里奥哈（Rioja）

提到西班牙的葡萄酒，我们首先就不得不提到里奥哈。作为葡萄酒的发源地，毫无疑问，里奥哈的葡萄酒在国际上享有的极高声誉是实至名归的。里奥哈葡萄酒法定产区绵延穿越里奥哈的大部分地区，阿拉瓦（Alava）南部及纳瓦拉（Navarra）南部的一些城镇。这里的气候介于北方凉爽湿润的大西洋气候与南方炎热干燥的气候之间，根据土壤和气候条件的差异，该产区被分成三个分区：上里奥哈（Rioja Alta），下里奥哈（Rioia Baja），以及阿拉瓦里奥哈（Rioja Alavesa）。里奥哈葡萄酒法定产区（D.O.C.Rioja）种植了5.7万多公顷的葡萄树，其中85%都出产红葡萄。

里奥哈地区在两千多年前便开始酿造葡萄酒，在这里还保留着建于19世纪末的古老酒庄，而里奥哈酿制现代葡萄酒的历史也始于19世纪中叶，当时一些富于开拓精神的酒厂将新的葡萄酒加工技术引进到这里，而从罗马时代起里奥哈是一直用简单的手工方法制造葡萄酒的，里奥哈的酒在西班牙可谓是大名鼎鼎，路人皆知的。里奥哈生产的葡萄酒质量与法国相差无几，可与法国波尔多的酒媲美。

橡树河畔（La Rioja Alta，S. A.）

里奥哈是西班牙成名最早，出产许多精品至极品的酒庄产区，橡树河畔（La Rioja Alta，S. A.）就是其中最优秀的佳作之一。1890年，在唐丹尼尔－阿尔弗雷多阿丹沙桑切斯（Don Daniel–Alfredo Ardanza y Sanchez）的领导下，五个家族共同出资设立了橡树河畔（La Rioja Alta，S. A.）庄园，开始了他们共同的梦想——生产高品质的佳酿。

1904年，皇家庄园（Bodegas Ardanza）的拥有者阿尔弗雷多 – 阿丹沙提出将橡树河畔与里奥哈两个庄园合并，此后的百年酒庄经历了数度扩展，现在共拥有四个酒园包括：橡树河畔（La Rioja Alta, S. A.），爵士园（Barón de Oña），雅斯特园（áster）和施华乐（Lagar De Cervera）。其中占地425公顷的橡树河畔的规模最大、产品设备最齐全。

瑞格尔侯爵酒庄（Marques de Riscal）

瑞格尔侯爵酒庄，是西班牙里奥哈地区著名的酒厂，是里奥哈地区最优秀的酒庄。酒庄于1850年创建。瑞格尔侯爵本人打破传统从波尔多引进了在当时备受批评的创新方法，带来了一种如何酿造里奥哈最好的葡萄酒的新理念。这一创举也逐渐形成了里奥哈原产地认证标准的基本原则。

瑞格尔侯爵酒庄在发展历史上与法国波尔多产区渊源甚深。而也许就因为这样的融合背景，进而在整体经营概念上，不管是葡萄品种的采用、葡萄园腹地的拓展、酿酒过程与设备的更新以至葡萄酒款的开发上，都展现出锐意求新求精的活力。作为第一个将波尔多酿酒法引入该地区的酒庄，瑞格尔侯爵酒庄出品的上等佳酿将优雅与强劲的特质完美结合，经久不衰。

喜悦酒庄（Cvne）

喜悦酒庄（CVNE）位于西班牙最高级法定产区里奥哈，拥有超过120多年的历史，是该地区历史最悠久的酒庄之一，酿造西班牙皇室婚宴的御用葡萄酒。它是唯一一个有权利把祖国国旗搬上酒标的酒庄，地位之显赫可见一斑。旗下有7个不同系列，包括皇家田园（Imperial）和喜悦（Cune）等。皇家田园是非常经典的里奥哈酒的代表之一，是西班牙家喻户晓的品牌。喜悦更是被誉为"西班牙高级别酒的必选系列"之一，是非常地道的西班牙好酒。

喜悦珍藏红葡萄酒–2004（Cune–Reserve）

种类：红葡萄酒

国家：西班牙

产地：西班牙—里奥哈—喜悦

级别：里奥哈法定产区DOC

年份：2004

酒精度：13.7%

规格：750ML

葡萄品种：80%天帕尼优，10%加斯亚诺，5%玛佐罗

颜色：呈现深红色。

气味：浓郁的果香中带有莓子和红色浆果的味道。

口感：橡木桶的培养赋予了酒体微微的辛辣味，单宁平衡，精致复杂，而后味持久，充分体现了西班牙酒的风格。

皇家田园（珍藏）红葡萄酒–1998（IMPERIAL– RESERVA）

种类：红葡萄酒

国家：西班牙

产区：里奥哈

级别：里奥哈优质法定产区DOC

年份：1998

酒精度：13.8%

规格：750ML

葡萄品种：天帕尼优，加斯亚诺，玛佐罗

颜色：呈现亮丽的宝石红色。

气味：透出复杂的香气，红色和黑色浆果的香味丰富而浓郁。

口感：美国全新橡木桶的培养赋予了酒体烤面包味和丝丝的辛辣味，酒体圆润而平衡，令人一饮难忘。

西班牙葡萄酒等级

西班牙DO制度：从大类上将葡萄酒分成普通餐酒（Table Wine）和高档葡萄酒（Quality Wine）两等，这与欧盟的规定基本一致。在普通餐酒内还分为：

1. 餐酒（Vino de Mesa）（VdM）：相当于法国的日常餐酒（Vin de Table），也有一部分相当于意大利的地方餐酒（IGT）。这是使用非法定品种或者方法酿成的酒。比如在里奥哈种植赤霞珠、美乐酿成的酒就有可能被标成日常餐酒纳瓦拉（Vino de Mesa de Navarra），这里面使用了产地名称，所以说也有点像IGT。

2. 地区餐酒（Vino comarcal）（VC）：相当于法国的地方区餐酒（Vin de Pays）。全西班牙共有21个大产区被官方定为VC。酒标用Vino Comarcal de（产地）来标注。

3. 优质地区餐酒（Vino de la Tierra）（VdlT）：相当于法国的优良区餐酒（VDQS），酒标用Vino de la Tierra（产地）来标注。而高档葡萄酒则是（Denominaciones de Origen）"DO"和（Denominaciones de Origen Calificada）"DOC"。相当于法国的AOC（指定产区内葡萄酿制的酒），DOC则类似于意大利的DOCG（意大利最高级别酒）。

美国

美国加州葡萄酒可以称得上是美国葡萄酒的代名词，其葡萄酒产量占美国的90%，是美国著名的葡萄酒产区。美国加州葡萄酒历史有两百多年，历史虽然不长，但是却受到世界各地人们的青睐。

美国的葡萄酒起源于17世纪之前，当时法兰西斯克、瑞比尔传教团首先在加勒比海沿岸种植欧洲系葡萄。到了18世纪，从墨西哥通往美国的近海公路旁已遍布葡萄园，而且迅速扩展。19世纪，大批移民开始在加州定居，并且以洛杉矶为中心，大量种植葡萄。到了1860年，能收获的葡萄树已达6万株。在加州所产的，从旧金山到洛杉矶间，或者以旧金山为中心的邻近地带最为著名。

美国葡萄酒业历史中有个很重要的人物——来自匈牙利的阿克斯通－哈瑞兹席（Agoston Haraszthy）伯爵。阿克斯通－哈瑞兹席伯爵在1857年买下索诺玛的一座葡萄园，并于1862年从法、意、西三大葡萄酒国引进10万多株珍贵葡萄苗，优选葡萄品种大举改良了加州酒的质量。也是因为阿克斯通－哈瑞兹席伯爵引进多样化的葡萄品种，促使加州大学于1880年于伯克利成立了葡萄研究中心，并在加州各地种植实验葡萄园，在科技与学术的助力下，更提升了加州酒厂的酿造技术。

美国葡萄酒的真正发展是在1933年，"禁酒令"废除后，在加州地区得到了迅速的发展，使美国葡萄酒业重获生机。一些有心人为发展美国的葡萄酒业遍游欧洲，与当地酿酒师切磋酿酒技术，并积极寻觅、引进适宜在美国生长的优良酿酒葡萄品种。因此，如今在美国种植的酿酒葡萄品种繁多，包括法国、意大利、德国等国家的知名品系。

尽管在酒世界里美国是个小老弟，但这个小老弟最擅长的便是科技二字，在葡萄酒上也不例外，短短30年，凭借独特的地理位置、稳定的气候、先进的科技以及高超的行销手法，美国迅速蹿升为一个葡萄酒的生产大国，其中加州所生产的葡萄酒不论品质还是数量均为全美第一。

美国葡萄酒产区

美国的葡萄酒产区主要分为三个大区，都靠近太平洋海岸，由北至南分别为华盛顿州、俄勒冈州和加州。三个州的气候、环境、土壤均有各自的特点。其他各州也种植葡萄，并生产葡萄酒，只是名气还有待时日。

饮不尽的加州（California）阳光

加州地处美国西海岸，南北方向呈狭长形地带。海洋气候移至内陆，夏天炎热，冬季寒冷，每日及季节性的温差较大，并且湿度相对较低。大多数的葡萄种植区域位于两种气候环境的过度地区，在这些区域有酿酒葡萄生长和酿造最理想的自然条件。这里相距不到140公里的地方有美国最高点——惠特尼峰和最低点——死亡谷。这里还有世界上第一座迪斯尼乐园，有著称于世的好莱坞，还有全球科技核心硅谷，有全球最大的传媒集团赫斯特。但要说最有名的还是这里的阳光。

美国加州葡萄酒可以称得上是美国葡萄酒的代名词，其葡萄酒产量占美国的90%，是美国著名的葡萄酒产区。美国加州葡萄酒历史有两百多年，历史虽然不长，但是却受到世界各地人们的青睐。

加州的阳光明媚、直接、坦荡，加州能成为美国这个工、农业大国最大的农业州，与美好的阳光是分不开的。加州四周环山、中央谷地、夏干、冬湿的独特的气候类型，使它成为优质葡萄的理想产区。葡萄种植主要分布于谷地、南部海岸，其中又以北海岸的纳帕山谷、索诺玛山谷和利物摩雅三个地区最有知名度。

利物摩雅（Livermore Valley）

试想一下，在清新翠绿的葡萄园打高尔夫球，那是怎样的一种感觉，难怪每年有成千上万的酒迷兼球迷来到这里，在四季普照的阳光下挥杆，一边品尝老威迪园（C.H.Wente）从法国波尔多玛歌酒庄带来的葡萄苗传到了第五代是何滋味。

利物摩雅是加州地区最古老的葡萄酒产地之一，在整个加州葡萄酒产业中扮演着举足轻重的地位。1760年西班牙传教士在这个地区种下了第一批酿酒葡萄。1840年，为寻找适应葡萄种植地区的加州的拓荒者开始在这个地区种植葡萄。罗伯特利弗莫尔（Robert Livermore）于1840年创造了第一批商业化酒园。

威迪酒庄（Wente）

提到利物摩雅（Livermore）地区，就不得不提到威迪酒庄，因为它代表的不仅仅是一批质高价优的中高档葡萄酒，更代表了一种高品质的加州葡萄酒乡生活方式。

威迪酒庄建立于1883年，当时德裔移民威迪先生来到加州，在旧金山湾东边的利物摩雅地区买下了48英亩的土地，种植他从法国波尔多的玛歌庄带来的葡萄苗，就此开始了他的美国淘金梦。至今，威迪酒庄已经传到了第五代人的手中，是加州最古老的制酒家族之一。现在威迪酒庄已经由原来的48英亩葡萄园扩展到了今天的3000多英亩，在利物摩雅谷和亚罗优斯高（Arroyo Seco）区都有自己的葡萄园，威迪酒庄60%的产量外销全球153个国家，是全美外销数量最多的酒厂之一。

威迪酒庄的产品有两大系列，包括威迪珍藏系列和威迪庄园系列。威迪庄园系列是威迪酒庄的基础系列，其中利物摩雅的威迪庄园的嘉本纳沙威浓是加州葡萄酒的先驱，查尔斯·韦特莫尔（Charles Wetmore）在19世纪从法国波尔多引进的优秀品种，这里的土壤和微型气候提供了非常适合的生长环境，其特点是成熟、丰厚、果香突出。威迪庄园—仙粉黛具有典型的仙粉黛香气，气味辛香，带桑果和黑胡椒香。此酒在橡木桶中陈放8个月，从而使酒有香草和橡木的口感，果味和单宁非常平滑、柔和，是非常优秀的加州仙粉黛。

在威迪酒园里更有一个18洞标准高尔夫球场——这或许也是目前世界上唯一一个包围在葡萄园里的高尔夫球场了。在威迪酒庄里举行婚礼更是许多情侣的心愿。在这个别致而浪漫的葡萄庄园，踏着花香走向人生的新一段旅程。可以说，到威迪酒庄品酒，享受的不仅仅是美酒，而是与美酒相伴的一系列的立体生活方式，这也正是威迪酒庄最能打动人心的地方。

威迪珍藏嘉本纳沙威浓-2006（Wente Reserve Cabernet Sauvignon）

种类：红葡萄酒

国家：美国

产区：加州—利密谷—旧金山湾

年份：2006

酒精度：13.5%

规格：750ML

葡萄品种：加本纳沙威浓

颜色：宝石红。

气味：酒香浓郁。

口感：该酒黑加仑子、洋李、雪松以及薄荷的味道非常浓郁，来自于法国和美国小橡木桶的陈酿令其发展出圆熟的单宁及香草和丁香的味道。含在口中，能感觉到圆熟庞大的单宁，黑色类果香构成此酒的后味主调。

饮用及配餐建议：饮用前1小时开瓶。温度最好在16℃—22℃。是烤肉或烧肉类的最佳搭配。也可搭配浓味型的鱼类菜肴，如三文鱼和金枪鱼。

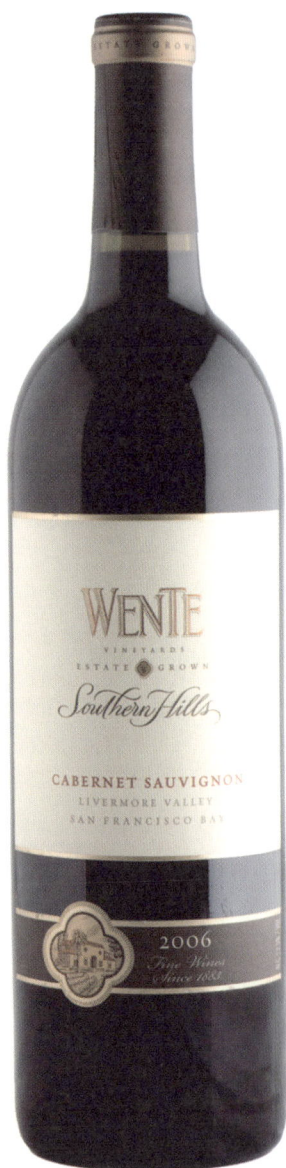

威迪酒庄-嘉本纳沙威浓-2006（Wente Cabernet Sauvignon）

种类：红葡萄酒

国家：美国

产地：加州—利密谷—旧金山湾

年份：2006

酒精度：13.5%

规格：750ML

葡萄品种：93%嘉本纳沙威浓、7%小华帝。

颜色：深宝石红色。

气味：丰富的樱桃和洋李的香味，还带有雪松和紫罗兰的香味。

口感：丰厚，果香突出。单宁柔滑。

饮用及配餐建议：饮用前1小时开瓶。温度最好在16℃—22℃。是肉类的最佳搭配。也可配三文鱼和金枪鱼。

索诺玛（Sonoma）

顺着加州著名的1号高速公路，延绵着无尽红树林的山脉，旁边倚靠着静静流淌的俄罗斯河，太平洋和圣帕布鲁湾举世无双的美景尽收眼底，这里的气候、土质、地理环境和葡萄种类都很丰富，索诺玛谷中还有不少的小产区，在面积整整大于纳帕两倍的索诺玛谷里也有着众多的酒庄和葡萄品种，在索诺玛谷内能找到加州的所有葡萄品种。

索诺玛山谷（Sonoma）被人亲切地称为"葡萄酒乡村"，是加州重要的葡萄酒产区之一。早在1850年间，有一位姓哈瑞兹席的匈牙利移民首先发现了这里的葡萄种植潜力，并于1861年由法、德、西、意等欧洲国家引入了三百多种葡萄种类，共10万多株葡萄苗种在了索诺玛谷内，造就了今天辉煌的事业。

索诺玛谷现拥有6万302亩的葡萄种植面积、1800个种植业者、350家酒厂，索诺玛郡在葡萄酒世界扮演着重要的角色。该地区由13个美国葡萄栽培区组成，每个产区都有自己独特的土壤和气候条件，适合某一葡萄品种生长。今天的索诺玛谷是个全面的产区，每一个人都可以于此找到自己心爱的葡萄酒。

肯德·杰克逊酒园（KENDALLJACKSON）

信步走在加州街头，你会很容易发现"肯德·杰克逊"（KENDALL JACKSON）的名字，全美最畅销的莎当妮就出自这个酒园。肯德·杰克逊酒园拥有1万4000英亩的葡萄园，遍布加州凉爽的沿海地区。用来酿造口味丰饶风格独特的葡萄酒。吉斯·杰克逊（JESS JACKSON）于1982年创建了肯德·杰克逊酒园，肯德·杰克逊酒园注重酿酒过程中的每一个细节，他们将种植园选定在加州沿海地区，精心培育这些优质葡萄。他们在法国投资建厂，以确保用于酿酒的橡木桶品质优良，且质量稳定。作为全球橡木桶用量最大的单一酒园，加上对品质的不懈追求，成为加州荣获金奖最多的酒园。肯德·杰克逊精选系列是美国餐厅里最畅销的葡萄酒。创始者吉斯·杰克逊被评为《葡萄酒热心家》"2000年年度最佳葡萄酒先生"。

佐顿酒园Jordan

　　加州的索诺玛郡（Sonoma County）在纳帕谷附近，以盛产高品质红葡萄酒而著名。优质的美酒几乎都是在气候和土壤条件绝佳的葡萄园中诞生的，得天独厚的自然环境能够赋予葡萄独特的气质，更让其美酒独树一帜。钟爱葡萄美酒的品酒师及地质学家汤姆·乔丹（Tom Jordan）先生70年代来到亚历山大谷，就看中了这个地方。于是在1972年买下了这里275英亩的土地，拔除了全部的果树种上葡萄苗，并买下了附近1300亩的橡树林，创立了佐顿酒庄。

　　佐顿的酿酒，自一开始就非常注重新世界的先进技术和旧世界的酿酒工艺的结合。1976年的嘉本纳沙威浓红葡萄酒是庄园出产的第一个年份，这款酒精致而柔顺，完全不同于加州葡萄酒的风格，反而带有旧世界特有的优雅气质。正因为如此，佐顿酒园迅速在国际上奠定了不凡的地位，并在加州葡萄酒中占据了重要的位置。

　　佐顿酒园只出产一红一白两款酒，都是正宗的庄园酒。佐顿酒园的嘉本纳沙威浓（红）是波尔多传统酿酒艺术与新世界现代化工艺相结合的完美典范。混合了大比重的嘉本纳沙威浓和小比例的美乐和嘉本纳弗朗酿制，在法国与美国橡木混合的酒桶中陈放，成酒的风格跟波尔多左岸相近，圆润、优雅而醇香，让人为之倾倒。而佐顿酒园的雪当利（白）则是2000年后才出现的新作，尽管是新作，但却融入了勃艮第酿制白葡萄酒的传统工艺，颇有勃艮第默尔索白葡萄酒（Meursault）的风骨，丰满而雅致，带有复杂难解的迷人韵味。这也难怪佐顿酒园的美酒能够成为白宫御用葡萄酒选。

佐顿酒园嘉本纳沙威浓红葡萄酒–2004（Jordan Cabernet Sauvignon）

国家：美国

产区：加州—亚力山大谷

年份：2004

酒精度：13.5%

规格：750ML

葡萄品种：嘉本纳沙威浓、美乐、嘉本纳弗朗

颜色：宝石红色。

气味：有复合的水果香和烟熏橡木香，伴有葡萄干、巧克力、咖啡和烟熏的微辛辣口味。

口感：酒体复杂而多层次，优雅而醇香。果香浓郁，悠长的后味带出一丝丝雪茄和矿物的味道。

饮用及配餐建议：饮用前1小时开瓶。温度最好在16℃—22℃。是烤肉或烧肉类的最佳搭配。

喜格士酒园（Seghesio Winery）

位于亚历山大谷、俄罗斯河谷（Russian River Valley）及枯溪谷（Dry Creek Valley）400多英亩的葡萄园在喜格士四代酿酒人的悉心照料下出产大量风格多样、品质上乘的葡萄。

1895年意大利移民爱都（Edoardo Seghesio）与妻子安吉拉（Angela）在索诺玛县（Sonoma County）亚历山大谷（Alexander Valley）开垦了他们的第一片葡萄园——喜格士。如今，家族的第三、第四及第五代继承人继续延续着喜格士的传奇故事，酿造着美国最杰出的仙芬黛（Zinfandel）、桑吉奥维斯（Sangiovese）与黑皮诺（Pinot Noir）葡萄酒。如今，酒园超过一半的土地种植着仙芬黛，足以证明他们对这种葡萄的钟爱。

喜格士在过去的15年中致力于提高产品质量，目前已成为全美最重要及最受尊崇的酒园。喜格士已成为出品高品质仙芬黛最权威的酒园，自始至终在这片古老葡萄园里精心酿造着顶级仙芬黛葡萄酒。

纳帕谷（Napa Valley）

　　纳帕之美是典型的乡村田园之美，到了早春时节万物复苏，此时会从葡萄藤蔓的枝节上暴出新的嫩芽，这便是葡萄生长的开始，世界级的葡萄酒就是用这些葡萄酿制的。在美丽的葡萄酒庄里轻酌慢品地试酒、在花园环抱的酒庄餐厅里享受美酒搭配的私家美食、在酒庄画廊里欣赏庄主收藏的艺术画作、在飘着醉人气息的乡间田园骑着自行车穿梭、在遥望葡萄园的酒店里欣赏黄昏落日……你会深深体会到：葡萄酒是一种生活方式（Wine is a part of lifestyle）。

　　纳帕位于美国加州旧金山湾北边的一个郡，南北纵贯而过的纳帕山谷是全美国最著名的葡萄酒产区。纳帕谷除了地势平缓的谷地之外，谷地边的山区其实也非常适合种植葡萄，除了山坡地排水好外，因为海拔较高，常可以避免谷地里的雾气，让葡萄可以接受更多的阳光，夜晚的温度比较高，因海拔关系白天温度较为凉爽，日夜温差比较小。因为水土保持与环境保护的缘故，仅有少部分可以开垦为葡萄园。除了两百多家酒庄和几个小镇，几乎全部种满葡萄。而在纳帕山谷的众多葡萄酒中，表现最好，也最脍炙人口的是以赤霞珠酿造而成的纳帕红酒。

　　纳帕有8个产区，卡内罗斯（Los Coneros）受到寒冷洋流的影响，气候特别凉爽，是纳帕少数以白葡萄酒和黑皮诺葡萄闻名的地区；欧克诺

（Oak Knoll）因为天气还是不够热，酿成的红酒大多是柔和顺口的风格，早熟好喝没有太多的个性。也许不太有深度，但是简单均衡，相当可爱；扬特维尔（Yountville）进入纳帕谷的精华区，酿造白葡萄酒的霞多丽反而比较常见，红酒的风格没有那么丰盈饱满，但有较偏高瘦的个性；鹿跳区（Stag's Leap）位于谷地东边的近山缓坡上，是纳帕谷地最著名的精华地段之一；奥克维尔（Oakville）与拉瑟福德（Rutherford）是最精华的核心区域，出产的赤霞珠红酒几乎是纳帕的经典模板；圣海伦那（St.Helena）接近谷地西边的葡萄园风格比较严肃一点，有比较结实的口感；卡里斯多加（Calistoga）靠北的卡里斯多加三面环山，所以赤霞珠生长的季节比其他地方短，酿成的红酒肥美甜熟，酒精浓度高。

纳帕山谷出产的葡萄酒不到加州产量的4%，但纳帕葡萄酒的名气之高，常常被视为加州葡萄酒的代名词。而在纳帕山谷的众多葡萄酒中，表现最好，也最脍炙人口的是以赤霞珠酿造而成的纳帕红酒。今日加州葡萄酒可以得到如此多的注意和赞赏，绝对要归功于那些产自纳帕谷的赤霞珠红酒。无可置疑的，纳帕赤霞珠已经成为世界顶级酒中的经典之一。

贝灵哲葡萄庄园（Beringer）

贝灵哲葡萄庄园创建于1876年，位于加州著名葡萄酒产区纳帕谷，是一直运营的加州最古老的酒园。贝灵哲庄园在著名葡萄酒酿酒大师斯布拉贾（Ed Sbragia）和酿酒商劳里·胡克（Laurie Hook）的带领下，以其卓越的酿造技能，迈进了第三纪元。纳帕谷葡萄酒不仅显现了贝灵哲丰富的传统遗产，同时体现了其优良品质和具有时代性的典雅风范。

贝灵哲被《葡萄酒热心家》与《葡萄酒与烈酒》杂志同时评为"2001年度最佳酒园"。贝灵哲也是唯一同时获得《葡萄酒鉴赏家》杂志"最佳加本力（Cabernet）"与"最佳莎当妮（Chardonnay）"的酒园。

世酿伯格酒庄（Schramsberg）

世酿伯格是加州第一个世界级的起泡酒酿造商，并且目前仍位于这一行列的前沿。作为"美国第一个起泡酒屋"，这个纳帕谷的葡萄酒酿造厂始于1862年，由来到加州的德国移民雅各布世酿伯格创办的。开始他酿造的都是一些静止酒。1940年被卖给了约翰世酿伯格，之后它就走向了衰落。然而，1951年，道格拉斯世酿伯格的历史被普林格（Douglas Pringle）复兴了。从1965年开始，戴维斯（Davies）一家开始掌管这个酒庄。他们对雅各布世酿伯格的历史和传统非常尊重。他们拥有着一个热切明确的理想——酿造"美国最著名，高品质，受人喜爱的起泡酒"。1967年，他们酿造了世酿伯格的第一款年份红葡萄白起泡酒。他们采用一流的传统香槟酿造工艺流程，世酿伯格使用生长在加利福尼亚沿岸的霞多丽和黑皮诺酿造9个不同种类的起泡酒。

世酿伯格酿造出了加州最棒的起泡酒，成为香槟酒最有力的竞争者。这些起泡酒有着独特的味道，是总统、国王、王后和主教们的最爱。

限量供应酒款

Brut Rosé
世酿伯格桃红起泡葡萄酒
Brut Blanc de Blancs
世酿伯格白中之白起泡葡萄酒
Crémant Demi-Sec
世酿伯格半甜白起泡葡萄酒
Brut Blanc de Noirs
世酿伯格白中之黑起泡葡萄酒

罗宾汉酒庄（Rubicon Estate）

罗宾汉酒庄是美国加州最古老、最令人骄傲的酒庄。弗朗西斯埃莉诺·柯波拉于1975年购买并创建了属于自己的酒庄，并于2006年更名为罗宾汉酒庄。从地理和历史角度讲，酒庄所处的卢瑟福德位于纳帕谷的中心地带。而罗宾汉酒庄恰恰在拥有优雅、复杂风土特征的卢瑟福德地区的心脏地带。

从1991年开始，罗宾汉酒庄就在首席酿酒师斯科特麦克劳（Scott McLeod）的领导下酿造极具风味的葡萄酒，力求臻于完美。如今的罗宾汉酒庄，一直以传承原生赤霞珠为发展宗旨。原生赤霞珠的标签是一片纯粹的美国橡木板，这个纯手工制作的标签是葡萄酒行业中最为昂贵的标签之一。

罗宾汉酒庄至臻红葡萄酒–2005（Rubicon Estate Rubicon）

种类：红葡萄酒

国家：美国

产区：加州—卢瑟福—纳帕谷

年份：2005

酒精度：14.5%

规格：750ML

葡萄品种：98.5%赤霞珠、1.5%小维泽

颜色：宝石红。

气味：成熟的果香和可可味。

口感：甜美柔顺的单宁、悠长的摩卡、深色浆果及巧克力的风味，口感丰富甘美。

加州葡萄酒特色必知

以下是你必须要知道的加州葡萄酒标签信息

1. 名称（name）

可以是酒庄或品牌的名称。

2. 葡萄酒品种（Wine varietal）

一个或更多的葡萄品种的名称也许就是贴于标签上的地区名称。但用于命名的名称至少有75%的量是由这种酿酒葡萄制作的，如"仙粉黛"。名称来自两种或更多酿酒葡萄，名称应显示每一种酿酒葡萄的百分比。

3. 原产地名称（appellation of origin）

原产地是指葡萄酒是产自哪个地区

4. 特殊的葡萄园 Speciic Vineyard

如果标签上显示是一个私人葡萄园的名字，那么95%的酿酒葡萄必须产自于这个葡萄园。

5. 年份（Vintage year）

这是葡萄采摘的年份。至少有95%的葡萄酒产自于该年份采摘的葡萄并且标签上必须注明产区名称。

6. 酒精含量（alcohol）

此含量百分比通常在12%与14%之间。

7. 名称和生产者地址（name and address of producer）

8. "Bottled by"附上的名称和地址是葡萄酒标签强制执行的。在以下内容也被强制加注于"装瓶"。

华盛顿（Washington）

华盛顿州与法国大致处于同一纬度，因此在主要生长季节的日照时间平均每日要比加州多出2小时。平均17.4小时的日照时间，温和的气候使葡萄得以完全成熟，而温度较低的夜晚使得果实中酸度较高，从而酿出口感丰盈，平衡度佳的葡萄酒。全州的地貌造就了多种局部气候区域，适合不同葡萄品种的生长。州内主要葡萄酒产地有雅吉玛（Yakima）、瓦拉瓦拉（Walla Walla）、哥伦比亚谷（Columbia valleys）、普吉湾（Puget Sound）、赤山（Red Mountain）和哥伦比亚峡谷（Columbia Gorge），各处都具有其独特的气候、土壤和地理特征。华盛顿州种植的白葡萄包括莎当妮（Chardonnay）和薏丝琳（Riesling），红葡萄则有梅洛（Merlot）、加本力苏维翁（Cabernet Sauvignon）和设拉子（Syrah）几种。

尽管华盛顿州的产酒业相对较为年轻，但目前已成为美国第二大葡萄酒生产州，产品中不乏出色的葡萄酒。华盛顿的葡萄生长条件造就了一贯优良的品质。

圣密夕梅洛酒庄（Chateau Ste-Michelle）

圣密夕葡萄园，成立于1934年，其酿酒历史可追溯至美国禁酒令解除后，是美国华盛顿州最古老的酒庄，直到 20世纪50年代，才开始于哥伦比亚山谷内种植适合酿酒的葡萄品种，并于 1967 年酝酿了第一批以圣米歇尔城堡为名的品种酒。圣密夕葡萄园生产的酒品数量庞大且种类繁多，葡萄品种包括：霞多丽、美洛、赤霞珠。

圣密夕葡萄园加本力苏维翁红葡萄酒，强劲，香醇丰饶。散发出精致果酱、罗兰莓、洋李和蓝莓的芬芳。完美的橡木香气与蜂蜜、肉桂和巧克力的芳香交织相融，令此酒十分悦人。单宁如丝般顺滑，回味持久悠长。可搭配鸭肉、牛肉和黑巧克力。

澳大利亚

　　澳洲葡萄酒酿造约有200多年的历史，澳大利亚最早开始栽种葡萄的地方是悉尼。一位叫做阿瑟·菲利普的英国人给澳大利亚带来了第一株葡萄苗。令人意想不到的是，这株葡萄苗在此后的200多年间遍地开花。如今澳大利亚已成为第一葡萄酒输出国。

澳大利亚第一个商业葡萄园和葡萄酒酿造厂诞生于19世纪早期，在距离悉尼西南部50公里处的卡姆登庄园（Camden Park），那里主要的产品包括黑皮诺（Pinot Gris）、方蒂耐（Frontignac）、古艾斯（Gouais）、维德和（Verdelho）、加本力苏维翁（Cabernet Sauvignon）。到1850年，葡萄园的商业化运作已经在澳大利亚大多数州建立起来。从连绵起伏的猎人谷（Hunter），到陡峭多风的伊顿谷（Eden Valley），再到风景优美的吉龙（Geelong），早期的葡萄种植者们把葡萄苗圃撒向澳洲的每个角落。

虽然澳洲葡萄酒的历史不长，但澳洲大陆已经存在了5亿多年，拥有一些世界上最古老的葡萄树种。多样的土壤类型使栽种各类葡萄成为可能，如澳大利亚富含铁矿石的自流排水土壤适于出产黑皮诺，而著名的红土地最适于出产风味独特的加本力苏维翁（Cabernet Sauvignon）。得天独厚的气候和土壤条件，加上对葡萄酒的极大热情，使澳大利亚先后建立了超过60个专门的葡萄酒产区，种植面积超过16万公顷，葡萄产量超过130万吨，酿造商超过2100多家。

除了一些大品牌外，很少会看到或听到葡萄酒的广告在电视这类媒体中出现。但当你看到葡萄园区车来车往，各酒窖的大门敞开，和那一阵阵诱人的酒香飘来，你会惊讶于这浓厚的葡萄酒文化，会好奇的去浅尝这片土地酝酿的佳酿。

从整体来说，澳大利亚主要有四大标志性产区：南澳、新南威尔士、维多利亚、西澳。各区产量比例依次为8：4：2：1。

南澳是澳大利亚最重要的葡萄酒产区，产量占整个澳大利亚葡萄酒的一半以上，很多高档酒都是从南澳走出来的。此产区气候相对炎热一些，所酿葡萄酒酒精度偏高。在南澳大利亚，巴罗莎谷（Barossa Valley）、克莱尔谷（Clare Valley）、麦克拉伦谷（Mclaren Vale）、阿德莱德（Adelaide Hills）、库纳瓦拉（Coonawarra）都是享誉世界的著名葡萄酒产区。巴罗莎谷比较有名的葡萄品种是西拉、克莱尔谷影响最大的是雷司令和西拉、麦克拉伦谷有代表性的是西拉和歌海娜、阿德莱德出名的是霞多丽、库纳瓦拉著名的是赤霞珠。

在新南威尔士，猎人谷是一个十分重要的产区，它可以说是澳洲最古老的葡萄酒产区。这里光照长、气候温和，葡萄酒以果味多、柔和、甜美著称。除了常见的赤霞珠和西拉外，比较有特色的是赛美蓉（Semillon），由

于运用特殊的技术，葡萄采摘比较早，酸度保持得很好，即使10年以后喝起来也会觉得仿佛像刚酿出来的一样。

维多利亚是一个相对比较凉爽的地带，尤其是亚拉谷（Yarra Valley）一带，这种气候条件更容易酿造出清新、精致的酒体。同时，亚拉谷还是整个澳大利亚葡萄酒风格最丰富的一个产区，南澳的酒普遍浓烈，而这里则集浓烈、清新于一身，并且葡萄品种的种植也非常丰富，不只有西拉、赤霞珠和霞多丽，还有很好的雷司令、法国隆河地区的马珊（Marsanne）、意大利的巴贝拉（Barbera）和桑娇维塞（Sangiovese），以及西班牙品种坦普兰尼约（Tempranillo）等等。可以说，这里简直就是澳大利亚新品种的试验田。

西澳是澳大利亚面积最大的州，纵横整个大陆西部三分之一的土地。不过，葡萄产区却几乎完全集中在州的西南部。其中，著名产区玛格利特河（Margaret River）深受海洋性气候影响——夏天干热，冬天温和湿润，这赋予了葡萄酒独特的表现力。

澳大利亚葡萄酒因质优价廉享誉世界，也因庄园土壤、气候、种子风格不同而衍生出变化多端的酒味差异，很有可能隔一条河就有完全不同的葡萄酒品种。正所谓："一山庄园一山酒"，就是这个道理。大庄园有大庄园的优势，小作坊有小作坊的妙处。再加上世界上最严格的管理和生产过程，以及澳洲人特有的简单、纯朴、憨厚，不视金钱为唯一目的，而把信用和快乐生活视为第一追求的环境下，酿造出了质优价廉的世界级美酒。

巴罗莎谷（Barossa Valley）

巴罗莎谷（Barossa Valley）是南澳最重要的高档品种葡萄酒产区，位于阿德莱德东北60公里处。其悠久的历史可追溯至1847年，这里拥有百年的老藤葡萄，顶级酒园多在这里。澳大利亚有50%的葡萄酒产自于此。以产全澳最出名的Shiraz（莎瑞司）而闻名于世。它的莎瑞司丰厚、辛辣，可久存。这个产区气候温暖干燥，葡萄园通常在海拔240—300米高的台地或坡地上。上佳的红酒果香丰沛，风格传统，结构坚实；白葡萄酒风格多样，从醇厚浓郁到新鲜美味；最近雷司令在海拔高的葡萄园中发展较快。最著名的酒园是奔富（Penfolds）。

围绕巴罗莎谷有近50多个造酒厂及酒窖零售中心。一百多年前，德国人来到这片风景优美的土地并在此定居下来，现在的很多建筑、商店及餐厅，都反映出欧洲传统风格。

奔富（Penfolds）红酒是澳洲最著名的酒庄，许多珍藏多年的红酒价格不菲，2000—3000澳元一瓶的红酒并不新鲜。

奔富酒庄（Penfolds）

奔富是澳大利亚最著名，也是最大的葡萄酒庄，它被人们看做是澳洲红酒的象征，被称为澳洲葡萄酒业的贵族。在澳洲，这是一个无人不知，无人不晓的品牌。奔富酒庄的发展史充满传奇。

奔富酒庄的创办者克里斯·若桑·奔富，是一位年轻的英国医生，1844年，他从英国移民来到澳洲这块大陆。他将当时法国南部的部分葡萄树藤带到了南澳洲的阿德莱得（Adelaide）。1845年，他和他的妻子玛丽（Mary）在阿德莱得的市郊玛吉尔（Magill）种下了这些葡萄树苗。这也是日后奔富最负盛名的葡萄酒庄园系列的由来，这个系列的葡萄酒有澳洲酒王之称，而且更是世界上12支顶级红酒之一，由于产量有限，在如今的市场上成为众多葡萄酒收藏家竞相收藏的一个宠儿。

若桑·奔富去世后，妻子玛丽接管了酒庄。在玛丽·奔富的悉心经营下，奔富酒庄的规模越来越大，从酒园建立后的35年时间内，存贮了近10万7000加仑折合50万升的葡萄酒，这个数量是当时整个南澳洲葡萄酒存储量的1/3。同时，奔富酒庄原有的葡萄种植面积也达到了120英亩，成为南澳第一大庄园，从此以后奔富就成为了澳洲家喻户晓的一个名字。

在玛丽·奔富去世之后，他们的子女继续经营奔富酒庄，一直到第二次世界大战。那个时期，奔富酒庄垄断了整个澳洲葡萄酒市场，使自己的事业达到了最高峰。根据当时的统计，平均每两瓶被销售的葡萄酒中，就有一瓶来自奔富酒庄。20世纪20年代，奔富酒庄正式用奔富作为自己的商标。 150年以来，奔富酒庄依然保留着始终如一的优良品质和酿酒哲学，因此，直到今天，奔富酒庄仍旧是澳洲葡萄酒业的掌舵人之一。

奔富389红葡萄酒-2006（Penfolds-Bin 389 Cabernet Shiraz）

种类：红葡萄酒

国家：澳大利亚

产地：南澳—巴罗莎谷

年份：2006

酒精度：14.5%

规格：750ML

葡萄品种：加本纳，度拉子

颜色：深棕红色。

气味：香味开放，带有肉类、桂圆、茴芹、甜浆果、洋李等复杂的香味，还有一丝微妙的橡木味。

口感：酒体厚，口感有浓郁的樱桃果香、甘甜的巧克力味。有严谨的单宁和橡木味，酒体结构完美平衡。

克拉斯庄园（Kalleske）

克拉斯的葡萄园位于巴罗莎谷最核心的葡萄生长区——格陵诺克（Greenock）村，他们的家族从200多年前就已经开始种植葡萄。在决定独立创造自己家族品牌的第六代传人特洛伊·克拉斯（Troy Kalleske）之前，他们一直把这里的葡萄供应给奔富酒王。

随着奔富酒王的知名度越来越高，原来的那些葡萄供应商们开始了分化：有些自己决定建立自己的品牌，而有些则选择继续供应葡萄，而克拉斯则非常骄傲地选择成为前者。

2002年，特洛伊和父亲正式注册了自己的葡萄酒品牌克拉斯（Kalleske），由特洛伊担任总酿酒师，特洛伊父子兢兢业业地经营着这份家族事业，坚持一贯认真严谨的酿酒原则并渐渐取得了市场的认可，他们的产品开始获得世界各个酒展的奖项。2004年的克拉斯度拉子红酒王，获得了澳大利亚年度最佳出口葡萄酒奖的提名，这个提名是从1500多个参选的庄园里挑选出来的，仅有1%的中选几率。这同时也证明了克拉斯的雄厚实力。

克拉斯特选度拉子红葡萄酒–2006（Kalleske–Greenock Shriaz）

种类：红葡萄酒

国家：澳大利亚

产区：南澳—巴罗莎谷—克拉斯庄园

年份：2006

酒精度：15.5%

规格：750ML

葡萄品种：100%度拉子

颜色：深红色。

气味：充满迷人且丰富的芳香，浓郁的黑洋李、可可、咖啡、黑莓和丁香等各种香草的独特香气。

口感：入口后芳香持久不散，整个口腔漫溢着清香滋味。单宁柔顺，酒体结实。后味依然是香草的芬芳。

伊甸谷（Eden Valley）

伊甸谷在葡萄栽种方面有着悠久的历史。伊甸谷的葡萄生长季温度比较低。等到葡萄成熟收获的时候，已经是相当寒冷的时节。山间的寒风也是抑制葡萄生长和酿造的主要因素。有限的水源也限制了葡萄园的扩张。连绵、裸露的山丘和地势平缓的山坡是这里最常见的地形。由于这样的地形特点，这里的土壤种类也丰富多样。

这里最有名的是薏丝琳（Riesling）葡萄酒。著名的伊甸高地是由官方认定的伊甸谷下属产区，位于伊甸谷产区的最南端。薏丝琳葡萄是这里最主要的白葡萄品种，其最初入口时有一种酸橙的香气，尔后在味蕾的感觉相当饱满。当这种葡萄酒陈年一段时间后，就会闻到一丝微妙的橘子和烤面包香气。上等的伊甸谷薏丝琳需要陈放10年以上才能达到其口感的高峰期。

新南威尔士（New South Wales）

新南威尔士州是澳洲第二大葡萄酒产区。这里阳光充足，不过由于云雾缭绕，气温倒不是十分炎热。由于离第一大城市悉尼更近，新南威尔士的葡萄酒也在出口中更具有便利条件。悉尼以北的猎人谷（Hunter Valley）是新南威尔士最著名的高质量红酒产区，这里出产的葡萄酒以果香丰富取胜，圆润而甜美。品丽珠和霞多丽是主要栽植的品种，当然更少不了澳洲最广泛种植的度拉子（Shiraz）、蒙喜（Mont Pleasant）等高质量的葡萄品种。新南威尔士州共有14个葡萄酒产区，出产的葡萄酒种类丰富，享誉国际，其中就包括澳大利亚的 "全球明星品种"：猎人谷产区的赛美蓉（Semillon）和滨海沿岸（Riverina）的贵腐赛美蓉。

福林湖庄园（Lake's Folly）

1963年在悉尼当外科医生的马克斯·勒克（Max Lake）先生在猎人谷买下了庄园，大胆地在这片土地上引种嘉本纳沙威浓红葡萄，创立了澳洲首个商铺式酒园（意为产量稀少而产品卓越的酒园），并戏谑地把酒庄取名为"Lake's Folly"（意为愚蠢之作）。他不但种出了品质上等的葡萄，酿出了极佳的红酒，庄园从此名声大振；还掀起了谷内种植嘉本纳沙威浓的热潮，让猎人谷由此名气迅速提升。马克斯·勒克先生当年的"愚蠢所为"恰恰将他的酒庄推向了成功，并荣登猎人谷头号名酒的宝座。

庄园在2000年卖给了坚持保留勒克家族葡萄酒本色的彼得福格蒂（Peter Fogarty）。彼得福格蒂一直努力维持着庄园原有的特色，一直坚持着这种"小而精"的经营方式。福林湖庄园仅出品两款好酒，一款是嘉本纳红葡萄酒，另一款是100%的雪当利白葡萄酒，都是采用自家专园种植的葡萄，年产总共才4500箱酒。嘉本纳红葡萄酒，香气怡人，远不止纯果香，还带有香草、烟草和少许皮革香；酸味佳、甘而醇，是酒体丰满的优雅典范，单宁纤细而结实，余韵悠长，具有很好的陈年潜质。确实是当之无愧的"猎人谷酒王"。

维多利亚（Victoria）

维多利亚州坐落于澳大利亚大陆的东南角，墨累河沿岸气候温和的梅里河谷（Murray River）地区和天鹅山（Swan Hill）都位于这个州的西北部。梅里河以东的路斯格兰（Rutherglen）以出产独一无二的麝香之类的加度酒而闻名，这种酒的原料经过干燥漫长的秋季而浓缩了糖分，带有十分甘甜的果香。

维多利亚在产量上无法与南澳和新南威尔士相比，但葡萄酒却各具特色。维多利亚是澳洲气候最为凉爽的葡萄酒产区（除了塔斯马尼亚岛）。由于气候温和凉爽，这里有条件种植更多不同的葡萄品种，除比较经典的度拉子、品丽珠、美乐、莎当妮外，这里还出产酸度有力的雷司令，香气馥郁的玛姗（Marssane），精致轻盈的黑皮诺等。

德宝庄（Tahbilk）

德宝庄位于澳洲维多利亚州纳金碧湖区（Nagambie Lakes），离墨尔本向北约120公里，是相当有名的国家保护葡萄种植区。该区是澳洲唯一，也是世界上六个靠内陆湖水汽调节微型气候的葡萄酒产区之一。所以其酒性自成一品，有别于同类。

德宝庄由约翰平尼熊（John Pinney Bear）创立于1860年，庄园的土地是向当地的土著居民买下的。土著居民称这土地为德宝（Tahbilk），意思是水源充足的地方。葡萄园和酿酒厂在路易德·玛利（Ludovic Marie）的管理下建立起来。1925年，德宝庄由雷金纳德·佩碧克（Reginald Purbrick）购得。

德宝庄的庄园面积有1214公顷，可算是非常庞大的酒庄。除了传统的葡萄品种如嘉本纳沙威浓（Cabernet Sauvignon）、度拉子（Shiraz）、美乐、雪当利（Chardonnay）等以外，庄园也种植玛仙妮（Marsanne）、维奥妮亚（Vionie）和乐仙妮（Roussanne）等优秀的葡萄品种。但他们的酒只采用本园的葡萄酿制，从不向其他酒园购买葡萄，所以当然称得上是地道的庄园酒。自创建至今，德宝庄的红白酒在世界各地最有分量的葡萄酒大赛如：伦敦、纽约、巴黎、波尔多等获得超过一千多个奖牌和奖杯。

德宝庄珍藏穗乐红葡萄酒–2003（Tahbilk–Reserve Shiraz）

种类：红葡萄酒

国家：澳大利亚

产区：维多利亚—纳金碧湖区

年份：2003

酒精度：13%

规格：750ML

葡萄品种：度拉子

颜色：深宝石红色。

气味：用1933年的老树度拉子酿造，有洋李、咖啡、温和的辛香，干爽香浓。

口感：口感有强烈的成熟果香和一丝野性感，香味复杂悠长，单宁平衡。

饮用及配餐建议：饮用前1小时开瓶，最好使用醒酒器。温度最好在18℃—22℃。适合与红肉类、如羊扒等普遍浓味中餐菜肴配食。

爵士山庄（Jasper Hill）

位于维多利亚西斯科特地区的爵士山庄，是1975年罗恩·劳顿（Ron Laughton）和他的妻子艾娃（Elva）一起创建的。他们拥有两个葡萄园分别以他们的两个女儿的名字来命名：艾米丽·帕多克（Emily's Paddock）和格鲁吉亚·帕多克（Georgia's Paddock）。艾米丽·帕多克以种植度拉子为主，还有一小部分嘉本纳弗朗。此地在劳顿先生买下之前就已经是一个自给自足的小酒园，园里都是没有嫁接过美国葡萄树根的"原装"度拉子和小部分嘉本纳弗朗葡萄树。劳顿为了能够最大限度地保留葡萄的原汁原味，冒着蚜虫害的危险，继续种植没有嫁接的葡萄树。而另外一个葡萄园格鲁吉亚·帕多克，则是种植了他从奔富（Penfold）那里克隆来的优质度拉子，还有一定比例的威士莲和纳比奥罗，同样也是采用非嫁接的树种。除了在树种的挑选方面，爵士山庄还在酿造方面独树一帜。酒庄全部的红酒都会装入橡木桶陈年，水果香味稍微浓郁的格鲁吉亚·帕多克红酒会使用美国橡木桶，而比较类似波尔多风格的艾米丽·帕多克红酒则采用法国小型橡木桶。为了保持酒的原始风味，整个陈年的过程中不进行换桶，不加入任何添加剂，仅仅到了最后的混合程序才进行酒液的过滤。酒庄的年产量非常稀少，收成好的年份大约是3000箱，其中艾米丽·帕多克红酒只占400箱。优秀的品质和极少的产量形成了市场需求的巨大缺口，爵士山庄变成了澳大利亚葡萄酒市场上奇货可居的珍品，价格自然不菲。能够拿到一定数量的爵士山庄美酒，肯定是具有雄厚实力的大酒商。

　　爵士山庄位列顶级，仅次于超顶级的奔富酒王（Penfold Grange）和神恩山（Hillof Grace），可见其名誉及地位。

爵士山庄度拉子红–2005（Jasper Hill–Shiraz）

种类：红葡萄酒

国家：澳大利亚

产区：维多利亚省—西斯科特区

年份：2005

酒精度：13.5%

规格：750ml

葡萄品种：度拉子

颜色：深浓的红色。

气味：怡人的红、黑浆果香，伴有香料和巧克力香味，典型的爵士山庄。

口感：柔顺的单宁，平衡自然的酸度，口感浓郁。是一款既适合年轻饮用又适合陈年的美酒。

附 篇　葡萄酒的手工时代

　　在机械化、电子化、生产线化被广泛运用的今天，后工业时代已经悄悄来临。最好的东西多是手工制造的，因为在这些创造里融入了制造者的思想和情感，葡萄酒诚然如此。

葡萄酒的手工时代

在国际奢侈品领域，一些历经几十年甚至上百年发展，并已经成为世界奢侈品代言产品的顶级名车、奢华珠宝、高级手表，它们之所以能够赢得奢华美名，大多与产品的手工制作、限量生产和订单式销售方式等因素分不开。

手工酿酒，贵乎稀有

法国是世界上葡萄酒生产的王国，全国三分之二的土地都适合种植葡萄，其中波尔多、勃艮第等都已经成为葡萄酒世界"最好"的代名词。波尔多、勃艮第之所以有名，是因为在这两个产区有着许许多多世代相传、以酿

造好的葡萄酒为追求的酒庄，如拉菲、拉图、木桐等名庄，他们无不把酿造好的葡萄酒作为一种精神追求，并世代传承，丝毫不马虎，从不敷衍。

同样，在法国葡萄酒的各个产区，存在着大量的酿酒世家。其中也有经验丰富的中、小规模的葡萄酒独立生产者，他们同样对酿造好的葡萄酒有着不懈的追求，他们只经营自己土地上的葡萄，从种植、采摘、酿造、装瓶到储藏，一切的酿酒环节都只在自己的庄园内独立完成，目的是为了全面保证葡萄酒的质量。

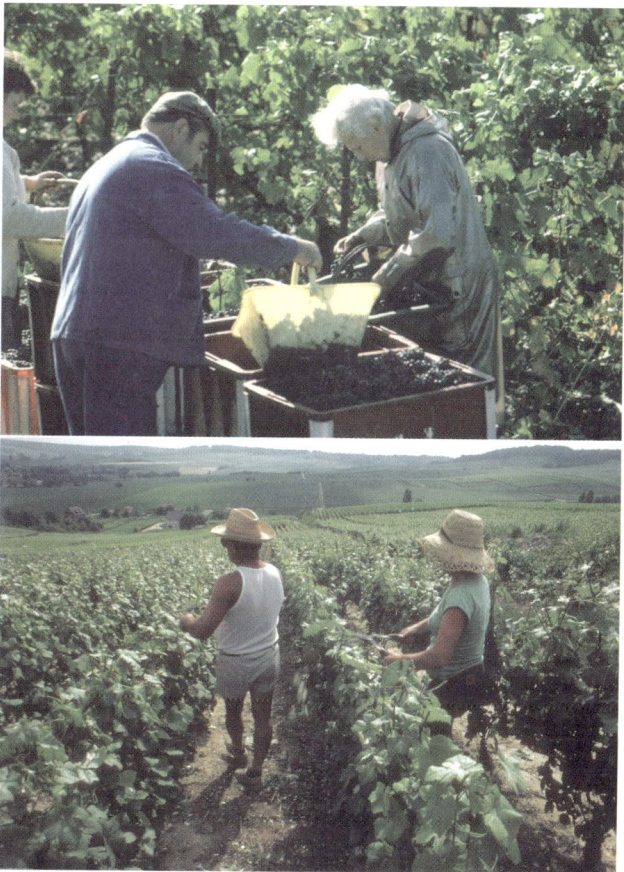

这一部分葡萄酒的生产者，被称为法国的独立酿酒者。这部分独立酿酒者所崇尚的酿酒理念是"手工酿酒"，以手工来代替机械操作。而他们追求的极致目标是"每一瓶都是好酒"，因为产量有限，又在生产过程中融入了追求精致的理念，这些独立酿酒者最终做到了产品"贵乎稀有"。

巴黎庄园——以手工换经典

法国红酒在中国深入人心，名酒众多，其中在中国盛行一绝、二奇、八大名庄之说。一绝即罗曼尼·康帝，二奇为巴黎庄园皇室特供和里鹏，八大庄为：拉菲庄、拉图庄、木桐庄、玛歌庄、奥比昂庄、柏图斯庄、白马庄和欧颂庄。如果说法国是优质葡萄酒的王国，波尔多是葡萄酒的皇后，那么波尔多的梅多克波亚克地区则可称得上是皇后的皇冠，因为它拥有拉菲、拉图、木桐等众多璀璨宝石般的顶级酒庄。而CMP巴黎庄园正是在这顶耀眼的皇冠之上，它所生产出来的葡萄酒同样经典。因为法国CMP巴黎庄园每一瓶葡萄酒都是手工酿制的，凝结了酿酒者的心血，如同一份高贵的、受人尊崇的艺术结晶。

记住这棵老树

CMP巴黎庄园的创始人杜兰德，其家族曾在公元12世纪法国卡佩王朝中期声名显赫。杜兰德当时是十字军团的一位将军，他在第8次东征结束后，到波尔多梅多克地区的一座葡萄酒庄园里休养，品尝了庄园的美酒后，被深深陶醉。这款酒就是今天的"CMP巴黎庄园杜兰德古堡干红"。从此，他开始痴迷于葡萄的种植与葡萄酒的酿制。不仅如此，杜兰德更为之抛弃世间的名利争夺，买下了整个庄园，立志酿制出法国最高品质的葡萄酒。经过不懈的努力，杜兰德家族酿出的葡萄酒渐渐声名远播。

公元17世纪中叶，杜兰德的后代——杜兰德·多尔续写着巴黎庄园的传奇。当时执政的国王路易十四，

生活极尽奢华。为庆祝与西班牙公主玛丽的婚礼，他决定于1660年在巴黎凡尔赛宫举行盛大的庆典仪式，并下令在法国当时所有顶级葡萄酒中选择一款作为婚礼庆典用酒。杜兰德·多尔使用生长在梅多克产区的葡萄老树酿制的酒王级葡萄酒，被路易十四选中，赞誉此酒："D'origine un excellent vin, qualite absolue"（天生好酒，绝对品质）。这款酒就是今天的"CMP巴黎庄园皇室特供古堡干红"。此事震惊酿酒行业，各国酿酒大师纷纷前往观摩，但无论如何，酿出的酒都无法与之比肩。杜兰德·多尔深知好葡萄酒是种出来的，遂将葡萄老树和CMP作为巴黎庄园葡萄酒的标志，以纪念梅多克地区的皇室特供古堡干红在法国巴黎这来之不易的皇家荣誉，同时告诫后人"天生好酒，绝对品质"的真实含义。

"CMP"中的"C"代表酒庄 CHATEAU，"M"代表梅多克地区 MEDOC，"P"代表巴黎 PARIS。

经过几代人的努力，CMP巴黎庄园葡萄酒并未将美名局限于波尔多梅多克的一座庄园，而是将自己的葡萄酒酿制理念结合法国不同产区的特点，不

断壮大，以收购或加盟的形式，使得旗下酒庄遍布法国各地，所有葡萄酒都冠以巴黎庄园老树及CMP的标志。各款葡萄酒均个性鲜明，深得各界爱酒人士的推崇。

到了19世纪，CMP巴黎庄园葡萄酒已经成为法国贵族阶层的生活必需品，产品供不应求。为了适应发展，法国巴黎庄园葡萄酿酒有限公司应运而生，由显赫一时的杜兰德家族直系继承人注册成立，公司总部设在巴黎。在世纪之交，随着CMP巴黎庄园葡萄酒文化在全世界的推广，到2006年公司旗下酒庄已达500多个，遍及法国、美国、意大利、西班牙、智利、澳大利亚、加拿大等国，全球分支机构45家，从而由葡萄种植、葡萄酒的生产和酿制到市场经营，形成了完善的现代集团体系，成为全球最大的葡萄酒跨国集团之一。CMP巴黎庄园葡萄酒也因此畅销全球。

2007年，法国巴黎庄园葡萄酿酒有限公司中国代表处正式成立。短短3年时间，法国CMP巴黎庄园葡萄酒已经得到中国葡萄酒专家以及各界爱酒人士的一致认可。

值得收藏的名酒

　　法国葡萄酒品质和名气都堪称经典，同时从文化、历史、品质上，得到全世界葡萄酒爱好者的公认。在世界著名的拍卖会上，那些售价不菲、被投资家追捧的世界名酒大部分是出自法国。法国葡萄酒分为VDT、VDP、VDQS和AOC四个级别，只有AOC中的顶级窖藏葡萄酒才具有收藏价值。而且一般来说，每款葡萄酒都会有一个最佳饮用时间段，存至适饮年份的葡萄酒才价值最高。

CMP巴黎庄园皇室特供古堡

　　酿制此酒的庄园具有800多年的悠久历史，生产的葡萄酒非常强劲，颇具个性，是波尔多产区具有代表性的葡萄庄园之一。此酒作为皇室用酒，既有拉菲的柔性又有柏图斯的刚性，是一款刚柔并济的难得一遇的美酒，世界著名酒评家帕克对2005年份的此款酒评价100分。

　　年份：2002

　　产区/级别：波尔多—波亚克/AOC

　　种植面积：8公顷

　　葡萄品种：美乐70%，品丽珠17%，赤霞珠7%，马尔贝克6%

　　土壤：底层为黏质土的砾石土

　　产量：20000瓶

　　种植技术：葡萄种植密度为每公顷6000株，植株年龄35年以上。

　　酿造工艺：为保证质量，葡萄必须在全熟而没有过熟的时候摘下来，时间是下午14点到17点。180名工人用2—3个半天将葡萄采摘完毕。收获后葡萄要连皮浸3个星期，然后全部装进新的橡木桶藏酿22个月，每3年换一次桶。

　　养酒：浸泡后，用新恒温桶养酒。使用全新的法国阿利耶橡木桶，历经22个月橡木桶陈酿。

　　灌装：法国巴黎庄园杜兰德酒庄。

色泽：呈紫红色。

闻香：有鲜花、红色水果、黑加仑的味道，略有一丝矿物质的气味。

口感：有成熟水果味道，酒体浓郁丰满，单宁比较厚，结构感强。是一款很有魅力的高级葡萄酒。

存储时间：20—30年

CMP巴黎庄园百年老树

法国前总理、波尔多市市长阿兰朱佩形容此酒口感圆润如中国丝绸，并且被选为市政厅用酒，招待了无数国内外葡萄酒爱好者。

年份：2007

产地/级别：波美侯/AOC

种植面积：17.5公顷

葡萄品种：80%美乐，20%品丽珠

土壤：黏质砾石地

产量：25000瓶

种植技术：平均葡萄树龄35年。

酿造工艺：完全手工采摘，采摘工人从9月23日采摘美乐开始，一直到10月3—4日采摘品丽珠结束。在此期间，按照每种葡萄的成熟度、季候以及天气，分块进行采摘。晴朗的天气是采摘的必不可少的条件。酒精发酵在25℃—30℃的恒温下进行。为了最大程度的保留水果的香气，酿造时间为3—5个星期，乳酸发酵在全新橡木桶中，最好的展现出了美乐的特色。

养酒：使用源自6道不同工艺的全新橡木桶养酒。

色泽：鲜艳的大红色中折射出紫色。

闻香：拥有醉人的红色水果和紫色水果多重的复杂香气，此外散发出的香草和梨子的香气使这款酒更加与众不同。入口甜美，单宁圆润甜腻，是一款纯净细腻的酒，香气馥郁且酸度适中，回味悠长，带有香料和木头香气的低调收尾令人愉悦。

存储时间：15—17年

值得品鉴的酒款

　　红酒作为鉴赏、品评的无上妙品，所意味的是一种至高境界。能够心无旁骛地坐下来，品味杯中佳酿，用精神和肉体同时来感受杯中那源于大自然最纯洁的生命，这是最美妙的浪漫、温馨时刻。品鉴红酒，每一次尘封后的开启，每一口酒的滋味，每一眼的凝视，每一秒的倾听，都需要全身心的融入，红酒带来的是无穷的乐趣与享受。

CMP巴黎庄园杜兰德古堡

　　产自波尔多产区一个拥有800多年历史的古老酒庄。恪守着法国葡萄酒的传统工艺，酿造着完美优质高端的葡萄酒。法国驻华大使苏和先生赞美此酒酒香强烈，带有雪茄盒气味，被选为大使馆指定用酒。

　　年份：2005

　　产区/级别：波尔多一波亚克/AOC

　　种植面积：8公顷

　　葡萄品种：美乐70%，品丽珠17%，赤霞珠7%，马尔贝克6%

　　土壤：底层为黏质土的砾石土

　　产量：20000瓶

　　种植技术：为了避免同一片土地上的葡萄植株过密，在春季，工人要剪掉多余的藤枝。

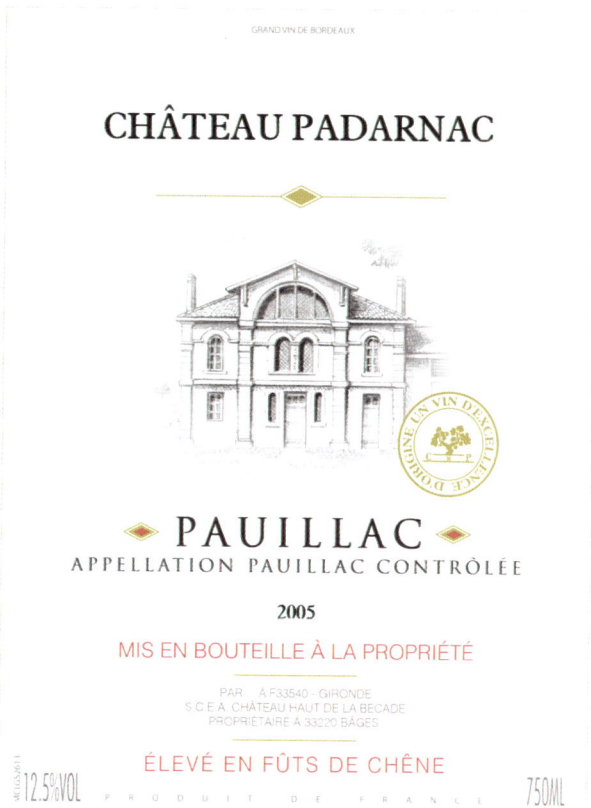

GRAND VIN DE BORDEAUX

CHÂTEAU PADARNAC

PAUILLAC
APPELLATION PAUILLAC CONTRÔLÉE

2005

MIS EN BOUTEILLE À LA PROPRIÉTÉ

PAR　A F33540 - GIRONDE
S.C.E.A. CHÂTEAU HAUT DE LA BECADE
PROPRIÉTAIRE À 33220 BÂGES

ÉLEVÉ EN FÛTS DE CHÊNE

12.5%VOL　PRODUIT DE FRANCE　750ML

酿造工艺：依据葡萄果实的成熟度和初酒的味道而定。

养酒：浸泡后，在新恒温桶养酒。使用全新的法国阿利耶橡木桶，历经22个月的橡木桶陈酿。

灌装：法国巴黎庄园杜兰德酒庄。

色泽：呈深紫宝石红色。

闻香：有鲜花、红色水果、黑加仑的味道，隐约带有一丝矿物质的气味。

口感：有成熟水果味道，酒体浓郁丰满，单宁成熟，结构感强。是一款极具魅力的高端葡萄酒。

存储时间：20—30年

CMP巴黎庄园皇家至尊干红

法国总理拉法兰先生赞美此酒结构饱满，回味悠长，多少年来，皇家至尊干红作为招待各国贵宾的美酒，深受好评。

年份：2005

产区/级别：罗讷河谷山坡/AOC

种植面积：25公顷

葡萄品种：歌海娜60%，西拉40%

土壤：深层酸性黏土

产量：150000瓶

种植技术：不惜减少产量，更好地让阳光孕育葡萄，以提高葡萄酒品质。每年修剪3—4次葡萄藤。

酿造工艺：采摘、压榨、装桶以及酿造温度均不超过25℃，然后在桶里浸泡10天，酿制的葡萄酒在橡木桶里陈酿1年。不添加单宁、发酵粉等任何添加剂。

养酒：在橡木桶里陈酿1年。

灌装：法国巴黎庄园特瑞拉大道奥桑瓦德斯，VOGUS酒庄。

色泽：颜色非常清透，经典的法国红。

闻香：带有浓郁的椰子和水果香气。

口感：丝质般的单宁口感，回味悠长。

存储时间：10年

Produit de France

Le respect imperial

2005
Côtes du Rhône
Appellation Côtes du Rhône Contrôlée
Mis en bouteille par SCA ORSAN - VAL DE CEZE - Route de Treillas
30200 Orsan - FRANCE
Contient des sulfites

13,5% Vol.

75 cl

明星酒款

　　葡萄酒是个特殊的，凝结创造力的产物。一些古老的酒庄可以追溯几个世纪甚至上千年的历史。葡萄酒的优雅与珍贵，在于它代表着浓缩了的时间，带给每个人的视觉、嗅觉及味觉的不同的、丰富的感受。法国虽然不是葡萄酒诞生的地方，葡萄酒的种植和酿造技术却在这里达到了辉煌，成就了很多葡萄酒中的耀眼明星。

CMP巴黎庄园七十年老树

年份：2008年

产区/级别：波尔多-波亚克/AOC

种植面积：16公顷

葡萄品种：美乐60%，赤霞珠40%

土壤：石灰岩、沙土、深层和表层布满砾石

产量：45000瓶

种植技术：收获的葡萄全部用手工采摘。采用传统的酿造工艺：酒精发

酵在严格控温的条件下进行，经过1个月左右的浸泡时间。75%的酒液进入橡木桶内培育：其中33%在全新橡木桶内培育，20%进入有1年历史的橡木桶内培育，27%进入有2年历史的橡木桶内培育，20%进入有3年历史的橡木桶内培育，培育时间为12个月。其余的25%的酒液留在酒槽内，给最后酒液的调配带来清新的口感。

灌装：法国巴黎庄园邦德歌尼庄园。

色泽：呈现闪亮的红宝石色酒裙。

闻香：充满香料味道的酒香中透出桂皮、丁香花、橡木等香气。

口感：结构非常匀称，有滑腻稠密的质感，酒体丰满而单宁细腻。

存储时间：20—25年

CMP巴黎庄园五十年老树

年份：2008

产区/级别：波尔多—波亚克/AOC

种植面积：19公顷

葡萄品种：美乐65%，品丽珠25%，赤霞珠10%

土壤：底层为黏质土的砾石土

产量：65000瓶

种植技术：为了避免同一片土地上的葡萄植株过密，在春季，工人要剪掉多余的藤枝。

酿造工艺：依据葡萄果实的成熟度和初酒的味道而定。

灌装：法国巴黎庄园布昂达酒庄。

色泽：红宝石色。

闻香：红色水果的芳香以及橡木桶的浓厚香气。

口感：极好的平衡感，带有高级成熟的单宁味。

存储时间：20—25年

CMP巴黎庄园三十年老树

年份：2008

产区/级别：波尔多优级产区/AOC

种植面积：3.5公顷

葡萄品种：美乐100%

土壤：底层为黏质土的砾石地

产量：18000瓶

种植技术：为了避免同一片土地上的葡萄植株过密，在春季，工人要剪掉多余的藤枝。

酿造工艺：依据葡萄果实的成熟度和初酒的味道而定。

养酒：浸泡后，在新恒温桶中养酒。使用全新的法国阿利耶橡木桶，历经12个月橡木桶陈酿。

灌装：法国巴黎庄园卡特龙·贝南酒庄。

色泽：美丽的深红色，泛紫光。

闻香：有明显的可可、香草和橡木的香气，同时搭配着红色水果果酱的芳香。

口感：酒体非常丰满、强劲且持久，有极强的平衡感，味道与香气如出一辙，余香幽雅，香醇怡人。

存储时间：15—20年

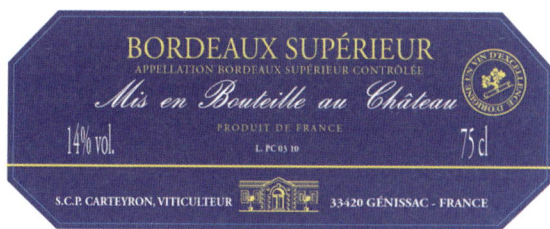

CMP巴黎庄园二十年老树

年份：2007

产区/级别：波尔多优级产区/AOC

种植面积：15公顷

葡萄品种：美乐100%

土壤：深层砾石土，沙滩土

产量：75000瓶

种植技术：为了避免同一片土地上的葡萄植株过密，在春季，工人要剪掉多余的藤枝。

酿造工艺：人工采摘成熟葡萄，使用专门振动分类设备筛选优质葡萄。16℃低温下浸泡发酵，然后在26℃恒温的不锈钢桶中发酵18—23天。

养酒：每年11月份开始养酒大概经历12个月。使用法国橡木桶培养（每3年换一次新的橡木桶）。

灌装：法国巴黎庄园卡特龙·贝南酒庄。

色泽：酒体呈深红色，泛紫光。

闻香：有明显的可可、香草和橡木的香气，同时搭配着红色水果果酱的芳香。

口感：酒体圆润饱满，单宁味成熟但不酸涩，口感柔软有亲合力。

存储时间：15—20年

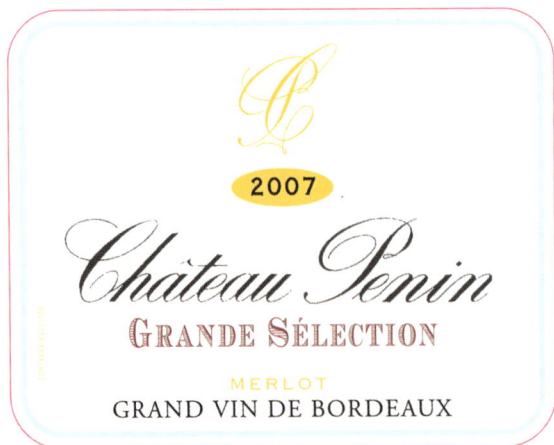

佐餐必备的酒款

葡萄酒与菜肴的搭配十分讲究，可以概括为"白酒配白肉，红酒配红肉"。这是因为白葡萄酒中的"酸"可增加口感的清爽与身体的通透，对海鲜而言还有去腥作用。红葡萄酒中的"单宁"可使纤维柔化，感觉肉质更加细嫩。这样菜与酒相得益彰，完美搭配让菜肴和美酒的风味更加突出。当然也可以发挥个人的想象力去创造新的搭配方式，不寻常的组合有时是很吸引人的，时下也风行法国酒与中国、日本等其他国家的菜肴搭配出不一样的风格。

CMP巴黎庄园皇家至尊干白

年份：2005

产区/级别：阿尔萨斯/AOC

种植面积：90公顷

葡萄品种：黑皮诺100%

土壤：底层为黏质土的砾石地

产量：250000瓶

种植技术：为了更好地提高葡萄酒的品质，每年12月份修剪葡萄藤，只剩下两根主枝，4月份对葡萄藤进行固定，8月份再次对葡萄藤进行修剪。

酿造工艺：采摘之后，首先筛选除去杂质，然后压榨成葡萄汁，过滤之后进行陈酿。

养酒：经过6个月不锈钢桶陈酿。

灌装：法国巴黎庄园亨利·艾哈特酒庄

色泽：金黄色、琥珀色。

闻香：此款酒优雅且细腻，完美地混合了干果、杏子、蜂蜜、姜饼等香气。

口感：酒体非常饱满，结构完美，香甜中带着新鲜感，平衡感很好，是一款很高档的葡萄酒。

存储时间：10年

CMP巴黎庄园皇家古堡陈酿干红

年份：2008

产区/级别：朗格多克—米内瓦/AOC

种植面积：100公顷

葡萄品种：歌海娜40%，佳丽酿25%，神索15%，西拉10%，慕合怀特10%

土壤：黏土石灰石

产量：250000瓶

种植技术：为了避免同一片土地上的葡萄植株过密，在春季，工人要剪掉多余的藤枝。

酿造工艺：葡萄采摘后，带皮浸泡10天，然后使用不可氧化的不锈钢桶进行陈酿。

养酒：在不锈钢桶内陈酿1年。

灌装：法国巴黎庄园蒙卡酒庄。

色泽：酒体边缘呈淡紫色。

闻香：有成熟水果的香气。

口感：入口有很浓的馨香味道，还伴有烘焙烟熏的气息，单宁含量较高，涩味较重，酒体丰满。

存储时间：10年

CMP巴黎庄园陈酿干红

年份：2009

产区/级别：罗讷河谷—妮姆/AOC

种植面积：120公顷

葡萄品种：美乐70%，西拉30%

土壤：砾石和沙子

产量：300000瓶

种植技术：葡萄树种植在庄园最好的土壤中，砾石的保温作用对葡萄的生长极为有利，选择葡萄最成熟的时期采摘。此时的葡萄适宜酿制这款酒。

酿造工艺：葡萄采摘后，带皮浸泡10天，然后使用不可氧化的不锈钢桶进行陈酿。

养酒：经过9个月不锈钢桶陈酿。

灌装：法国巴黎庄园渥克斯酒庄。

色泽：呈红宝石色。

闻香：香气浓郁，红色水果的芳香会愉悦你的味蕾。

口感：入口柔顺，单宁口感如丝般厚实而有力，回味悠长。

存储时间：10年

CMP巴黎庄园皇家至尊贵腐

年份：2001

产区/级别：波尔多—索泰尔纳/AOC

种植面积：3 公顷

葡萄品种：100% 赛美蓉

平均树龄：60 年

土壤：有薄薄黏土层的沙质砾石土，这使得葡萄能够在夏季保持凉爽，葡萄的结果量非常低，每株只有4到5串，这样才能使贵腐菌更好、更快地生长

产量：35000瓶

种植技术：手工采摘。根据葡萄上贵腐菌的变化程度有节奏地、长期地、小心翼翼地进行采摘。在索泰尔纳，人们对此款顶级佳酿给予了更加特殊的照顾，只对达到20℃的葡萄进行采摘。采摘从9月25号一直持续到10月23号。

酿造工艺：在经过简单的澄清和在气动传送压榨机中进行压榨后，把得到的葡萄汁整个放入橡木桶中发酵。

养酒：全程在由整块橡木板做的全新橡木桶中养酒，历经18个月的养酒，最后在5月份装瓶。

色泽：金黄色。

闻香：香气宜人，有橘子酱和烘焙木头的味道。又仿佛夹杂着类似于火石、陈酒、薄荷和香料蜜糖面包的香气，非常的丰富、均衡、回味悠长。

口感：平衡感强，浓郁而不腻，在舌头上有很好的延展性，酒体丰满，回味悠长。

产区介绍：产自波尔多索泰尔纳法定产区，贵腐酒的问世属偶然，却也带有很大的必然性，有一年因葡萄收获的太晚了，受"贵腐霉"感染的葡萄成半腐烂的干瘪状态。通常人们只能将其遗弃，但有人却利用它酿成了口味异乎寻常的甜酒，被人们称之为"帝王贵腐酒"、"液体黄金"。

CMP巴黎庄园皇家至尊冰酒

CMP皇家至尊冰酒产自于CMP巴黎庄园位于加拿大的酒庄，酒庄年产超过8万瓶，全部通过加拿大葡萄酒质量监测，获得VQA的认可和商标。冰酒的葡萄是在零下8℃时采摘和即时挤压的，葡萄汁的发酵、存储、装槽和制桶的过程是传统方法和现代技术的混合。CMP巴黎庄园皇家至尊冰酒系列先后获得国际和加拿大国内公认大奖。

CMP巴黎庄园皇家至尊冰酒（红）

年份：2002

酒精含量：10.3%

级别：VQA认证

色泽：粉红色。

闻香：草莓酱、樱桃和蜂蜜的香味，同时伴有醋栗、杏子和蜂蜜完美结合的香气。

口感：饱满丰富，香气久久回荡在口中。可单独品尝，也可冷却后淋在巧克力雪糕上或搭配草莓脆饼、果盘、乳酪一起食用。

CMP巴黎庄园皇家至尊冰酒（白）

年份：2002

酒精含量：11.6%

级别：VQA认证

色泽：金黄色。

闻香：充满蜂蜜、桃子的香味，同时又有成熟菠萝、芒果和百香果的香甜。

口感：味道浓郁，丰富和豪华的余香在口中久久不能散去。

冰酒（白）　　　冰酒（红）

CMP巴黎庄园晚收维达尔甜白葡萄酒

年份：2005

酒精含量：10.1%

级别：VQA认证

色泽：深琥珀色。

闻香：混合蜂蜜、成熟蜜瓜和桃子的芳香。

口感：口感丰富，这款甜酒适合所有的完美膳食。 最佳搭配是浓郁的乳酪。

CMP巴黎庄园红粉佳人

年份：2008

产区/级别：罗讷河谷—加尔省/VDT

葡萄品种：歌海娜60%、神索40%

色泽：柔和的玫瑰红色。

闻香：酒香表达浓郁而强烈，弥漫着一种石灰岩荒地的气息。

口感：酒液入口，精致清新的口感溢满口腔，在平衡的质感中透出果味清香。

CMP巴黎庄园曼博格（甜白）

年份：2004

产区/级别：阿尔萨斯/AOC（特级酒庄）

葡萄品种：琼瑶浆100%

色泽：金黄色。

闻香：清新，淡淡的果香中夹杂着桃子、苹果和鲜花的芬芳。

口感：入口柔软，非常清爽，令人愉悦。

维达尔甜酒

红粉佳人

曼博格（甜白）

CMP巴黎庄园阿尔萨干白

年份：2009

产区/级别：阿尔萨斯/AOC

葡萄品种：雷司令40%、白皮诺30%、琼瑶浆30%

产区介绍：阿尔萨斯地区，日照强烈。选择白葡萄或浅色果皮的酿酒葡萄。经过皮汁分离，取其果汁进行发酵酿制而成的葡萄酒。

色泽：近似无色，浅黄带绿，浅黄，金黄色，色泽清澈。

闻香：鼻息轻盈，清新淡雅。

口感：酒体饱满，香甜中带有清新，平衡感好，是一款搭配沙拉和海鲜的精品白葡萄酒。

CMP巴黎庄园窖藏干红

年份：2009

产区/级别：朗格多克—埃罗/ VDP

种植面积：50公顷

葡萄品种：佳丽酿、神索、歌海娜

产量：400000瓶

色泽：呈深红色。

闻香：香味特别且迷人。在以红色浆果为主调的果香之外，常有百里香、鼠尾草以及茴香等各式普罗旺斯香草的迷人香气。细细啜入口中，不禁联想起地中海岸石灰岩山丘以及烤百里香羊排的美味香气，并混合着白胡椒、豆蔻和丁香等香料气味，自杯中一起飘散出来。

口感：入口浓香，单宁口感如丝般柔滑，回味悠长。

CMP巴黎庄园格拉夫干红

年份：2009

产区/级别：朗格多克—VDP

葡萄品种：赤霞珠、歌海娜、佳丽酿

产区介绍：朗格多克产区富饶、美丽，勤劳的人民精选出最优质的葡萄，只为酿制出优雅、高贵的葡萄酒。

色泽：呈深红色。

闻香：浓厚的水果清香。

口感：口感圆润丝滑，丝丝的单宁味缭绕在口中。

CMP巴黎庄园山庄城堡干红

年份：2007

产区/级别：朗格多克/AOC

种植面积：25公顷

葡萄品种：美乐40％，赤霞珠30％，品丽珠30％

每年产量：200000瓶

产区介绍：历史悠久、土壤独特。

色泽：如石榴石般深邃透彻。

闻香：黑莓及覆盆子水果香浓厚强烈。

口感：入口圆润、丝滑，烤杏仁的香味充满口腔、余味悠长。

CMP巴黎庄园经典干红（AOC）

年份：2008

产区/级别：法国罗讷河谷—妮姆/AOC

葡萄品种：美乐70%，西拉30%

色泽：深红宝石色。

闻香：馥郁而层次分明的红色水果芳香，果感充盈，有甘草和李子的气息。

口感：酒体丰满，口感柔顺单宁柔和，酸涩度完美结合，平衡感强，和食物一起搭配时口感更佳。适合搭配咸肉、烤肉、牛排等。

最佳饮用温度：12℃—16℃。

CMP巴黎庄园毕加索经典干红

年份：2008

产区/级别：朗格多克—埃罗/AOC

种植面积：76公顷

产量：400000瓶

葡萄品种：品丽珠40%，赤霞珠35%，美乐25%

产品介绍：以野生葡萄为原料酿成的葡萄酒。

色泽：呈紫红色。

闻香：有成熟水果的浓郁香味。

口感：酒体结构完整，单宁成熟，刚中带柔。

CMP巴黎庄园毕加索窖藏干红

年份：2008

产地/等级 朗格多克—奥克/VDP

葡萄品种：赤霞珠100%

产区介绍：朗格多克—奥克产区，是世界上最大的葡萄酒产区之一，精选赤霞珠酿制而成。

色泽：呈深紫色

闻香：带有浓厚的红色水果和香料的香气。

口感：酒体饱满，层次完美，单宁含量较高，口感强烈，回味悠长。

CMP巴黎庄园伯爵波尔多古堡干红

年份：2008

产区/级别：波尔多/AOC

葡萄品种：美乐65%，赤霞珠20%，品丽珠15%

色泽：美丽的深红色，泛紫光。

闻香：以果香著称，有着青椒和黑色浆果混合口感的赤霞珠点缀上可口的黑加仑子和桑葚果味的品丽珠，香气丰富。

口感：单宁质地较柔顺，圆润厚实，雍容大度，丰厚甘美，如同王后般有着温润如玉的品质和可陈年的优质葡萄酒。

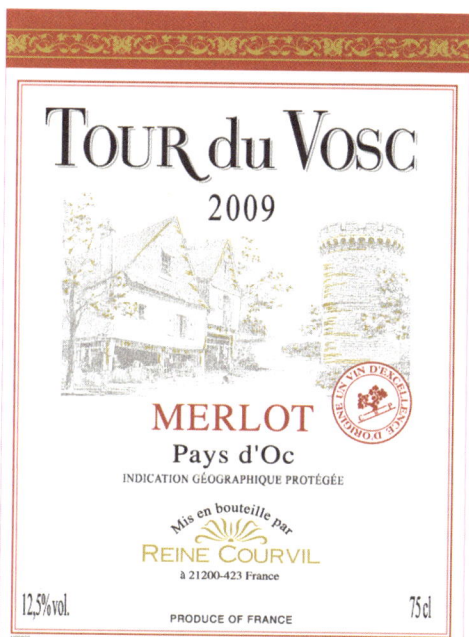

CMP巴黎庄园城堡美乐干红

年份：2009

产区/级别：朗格多克/ VDP

种植面积：76公顷

葡萄品种：美乐45％，品丽珠45％，佳丽酿10％

产量：370000瓶

色泽：清澈透明的红宝石色。

闻香：散发出樱桃和红色浆果的香味。

口感：酒体饱满，单宁柔和，入口丝般的感觉，余味悠长。

CMP巴黎庄园毕加索陈酿干红

年份：2008

产区/级别：西南—杜拉斯/AOC

种植面积：76公顷

葡萄品种：品丽珠40％，赤霞珠35％，美乐25％

产量：400000瓶

色泽：呈紫红色。

闻香：有成熟水果的浓郁香味。

口感：味道浓郁且丰富，骨架完整，单宁口感厚实有力，有长久的回味。

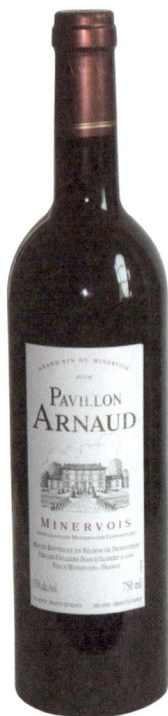

CMP巴黎庄园圣菲利普尊贵干红

年份：2006

产区/级别：朗格多克—罗讷河谷/AOC

葡萄品种：西拉60%，歌海娜40%

产区介绍：罗讷河谷地区是法国第二大葡萄酒产区。这个产区出产的AOC葡萄酒经常现身世界顶级的宴会。这主要归因于其南部独特的鹅卵石地貌，鹅卵石白天吸收日照热量，夜晚再散发给葡萄树，使葡萄更加温热成熟，酒精度比较高。

色泽：颜色清透，呈经典法国红。

闻香：诱人、丰富而又复杂果香。

口感：有完美的平衡感，伴随着丰富的果香味，厚实绵长。

CMP巴黎庄园橡木桶陈酿干红

年份：2008

产区/级别：朗格多克—米内瓦/AOC

葡萄品种：西拉60%，歌海娜30%，佳丽酿10%

产区介绍：朗格多克地区位于法国南部地中海沿岸，全法国有三分之一葡萄园坐落在这个地区，被认为是全法国历史最悠久的葡萄村。隶属地中海式气候，夏季炎热，日照充足，容易酿出保持清新度高的葡萄酒。

色泽：呈深紫色。

闻香：这款酒经历了橡木桶的陈酿，展现出成熟水果的香味和香草的芬芳。口感强劲、醇厚，水果的香气令人回味无穷。辛烈香味中充满着孳草、覆盆子、蓝莓等味道。

口感：味道丰厚，劲力十足，单宁含量较高，骨架丰满。

CMP巴黎庄园麦斯得起泡酒

产区/级别：维斯布尔/ AOC

葡萄品种：白诗南35%，白比诺35%，白福儿30%

色泽：淡黄色

闻香：清新自然的水果香味

口感：是一款由白葡萄酿制的天然型白葡萄酒，酒体完美，口感清爽，非常适合朋友聚会及节日庆祝等场合饮用。

CMP巴黎庄园精选干红

年份：2009

产区/级别：朗格多克—埃罗/ VDP

种植面积：65公顷

葡萄品种：西拉30%，赤霞珠30%，美乐20%，品丽珠20%

灌装：法国巴黎庄园L.G酒庄

色泽：呈深红色

储存时间：10年

最佳饮用温度：18℃

最佳保存温度：12℃

CMP巴黎庄园特选干红

年份：2007

产区/级别：西南—杜拉斯/AOC

葡萄品种：赤霞珠40%、美乐35%、品丽珠25%

色泽：呈紫红色。

储存时间：10年

最佳饮用温度：18℃

最佳保存温度：12℃

麦斯得起泡酒

精选干红

特选干红

CMP巴黎庄园巴隆干红

年份：2009

产区/级别：郎格多克—奥克/ IGP

葡萄品种：美乐15%、西拉30%、歌海娜55%

灌装：法国巴黎庄园圣菲利斯酒庄

色泽：呈深红色

储存时间：10年

最佳饮用温度：18℃

最佳保存温度：12℃

CMP巴黎庄园教皇精选干红

年份：2008

产区/级别：朗格多克—埃罗/ VDP

葡萄品种：美乐30%，赤霞珠30%，品丽珠20%，西拉20%

灌装：法国巴黎庄园L.G庄园

色泽：呈深红色，泛紫色。

储存时间：10年

最佳饮用温度：18℃

最佳保存温度：12℃

CMP巴黎庄园伯爵皇家干红

年份：2007

产区/级别：朗格多克/ AOC

葡萄品种：美乐35%，赤霞珠35%，品丽珠30%

色泽：呈深红色，泛紫色。

储存时间：10年

最佳饮用温：18℃

最佳保存温度：12℃

巴隆干红

教皇精选干红

伯爵皇家干红

萨尔斯堡（Chateau De Sours）

萨尔斯堡葡萄酒庄园坐落于丽布尔和宝物隆产区西南方的石灰岩高地，面对圣·达米里翁（丽布尔、宝物隆和圣·达米里翁都是波尔多著名的葡萄酒产区）。该庄园生产优质葡萄酒的历史已经有200多年。而如今，它的葡萄酒酿造师在秉承当地传统的手工采摘、酿造技术的基础上，在酿造葡萄酒的方法中还加入了现代的创新元素，以生产出波尔多备受瞩目的红葡萄酒和白葡萄酒。

法国葡萄酒

萨尔斯堡干红葡萄酒–2004 Chateau De Sours Rouge

产地：法国—波尔多

简介：由庄园种植的90%多年生美乐和10%品丽珠葡萄混合酿制而成。果实采摘于9月底的晴朗天气，这使酒体呈现出丰润的深红色、柔和的单宁酸度以及扑鼻的浆果芳香，味

觉上更体现出了成熟华丽的美乐芳香和品丽珠特有的花香。该酒浓郁的后味使得它本身的浓度及级别仍能够通过窖藏日臻完美。

食物搭配：烤牛肉、烤猪扒、黑椒牛仔骨及口感厚重的奶酪等。

拉萨尔斯红葡萄酒–2001 La Source Rouge

产地：法国—波尔多

简介：由40年树龄庄园种植的美乐葡萄100%酿制而成。果实采摘于10月初阳光明媚温暖的日子，色泽鲜艳的葡萄决定了酒液呈现出内涵丰富和充满诱惑的深紫色。它富于黑色浆果的芳香，浓郁的后味展现出夹带着高单宁酸厚重口感的水果芳香。虽然已经非常适合饮用，但仍可以通过瓶装窖藏来升华品质。

食物搭配：黑椒牛仔骨，口感厚重的奶酪及烤牛肉等。

萨尔斯堡干白葡萄酒–2006 Chateau De Sours Blanc

产地：法国—波尔多

简介：由庄园种植的60%的长相思和40%的赛美蓉葡萄混合酿制而成。果实采摘于9月中旬天气晴朗气候适宜的时节，完美的工艺酿造使酒液呈现淡淡的柠檬黄，伴有轻柔的柚子叶香味、挑逗的金银花香味和碎矿石的味道。口感清新，酸度平衡，意味绵长。

食物搭配：可搭配蟹肉、贝壳或是生鱼片，亦可搭配各种甜点。

手工酿制——走向奢华

　　在葡萄采摘时，机器采摘的速度虽然快，但因其无法辨别葡萄的好坏、生熟，无法掌握轻重，葡萄串容易受到挤压，经常夹带叶子和枝藤等，会加快葡萄的腐烂速度。手工葡萄酒则是利用人工采摘，压榨前还要经过人工二次精选，在低温室内去除残粒、烂粒、不成熟葡萄粒以及葡萄梗和残余葡萄叶，虽然采摘速度不及机械，但可以确保每一粒葡萄的新鲜度，使酒质非凡超群。同样，在发酵和酿造过程中，手工作业也突出表现出了工艺的细腻。而且，手工葡萄酒都是在庄园内灌装，100%原葡萄汁，无任何添加剂，不存在购买葡萄汁进行灌装的情况。手工葡萄酒强调的是在整个酿酒过程中一些现代工业设备无法取代的重要细节，做到步步考究。由于生产条件要求极高，手工葡萄酒的产量不大，使用的人力和成本比机械化流水线生产的葡萄酒要高很多，两者从品质上相比差别显而易见。因为在酿酒过程中大多环节采用了手工作业，更多地融入了酿酒者的心血，因此独立酿酒者经常能酿造出可以代表其产区特点的经典葡萄酒。

　　法国独立酿酒者联合会中国代表处——鎏法世家的葡萄酒，均来自法国各大葡萄酒产区著名的独立庄园，每个庄园均采用百分之百当地自产的无污染葡萄经独家酿造工艺酿制而成，这些都是数量有限的精品葡萄酒，且每瓶酒均在庄园内灌瓶。

贡博庄园——少而精之极品葡萄酒

　　拉瓦尔家族是贡博庄园（Château Gombaude-Guillot）葡萄种植者的传统世家，葡萄田面积仅为7公顷，年产不超过6500瓶，坐落于著名的宝特隆庄教堂旁边。拉瓦尔女士是家族第五代继承人，毕业于法国国立农学院，是波尔多地区12家赫赫有名的女庄园主之一。

　　她倡导庄园个性化酿酒，是绿色种植业的带头人，不因酒业舆论而改变

自己的酒品，反对一切商业行为而降低成本使用人造加工品对天然酒的改善作用，如人工香料粉、橡木合成条等。她的行为得到了波尔多独立酿酒者协会的称赞及支持，同时奠定了贡博庄园葡萄酒举足轻重的地位。

贡博庄园

深红宝石色，浓厚的黑水果、无花果等香味，名贵的松露香气更给这款酒增添了神秘色彩。入口平衡，口感浓重却爽滑。是一款真正的极品波尔多红酒，陈年后更会增加其优美和醇正的酒品质，收藏和存放价值极高。

贡博庄园副牌——贡博嘉丽

典雅的深红宝石色，一种千变万化的水果味道，一种让人珍惜的回忆，一种持久和谐的魅力，一款深藏不露的气势，一款富有朝气的红葡萄酒。

世界首位桃红葡萄酒

　　大维尔葡萄酒产区是法国公认的首屈一指的桃红葡萄酒产区。大维尔葡萄酒产区的历史可追溯到两千年前。考古发现的葡萄核证明了在公元1世纪已出现了葡萄种植。在14世纪初期，法国国王腓力四世去阿威尼翁教皇宫祭拜的路上发现此酒，他感叹道：好酒只有大维尔！阿威尼翁的各届教皇也承认这是一片神圣的土地。

蔓尼喜庄园

　　自20世纪初，意大利传教士神父圣族（Saint Famille）掌管了蔓尼喜庄园（Château de Manissy），使此庄园颇有名气。蔓尼喜庄园最高植株年龄

可达85年。与其他桃红酒不同的是，普通桃红酒的储藏时间较短，但蔓尼喜庄园"至尊"这款酒储藏年限可达到15—25年，年产限量低于5000瓶。占其产量一多半的大维尔酒被梵蒂冈圣皮埃尔大教堂及法国教区教堂指定使用，其他均出口美国、英国、意大利等国家，出口亚洲的数量屈指可数，极为珍贵。

蔓尼喜庄园至尊酿

由百年秘方酿制的纯手工玫瑰酒，无过滤，颜色近似于红色，带有杏仁和香料的味道，口感独特，是法国桃红酒唯一可长年窖藏的。

蔓尼喜庄园百合酿

一款细腻而高雅的玫瑰酒，柔和地散发出草莓、樱桃、黑醋栗等红果香气，入口丝般润滑，结构精致。

圣约瑟夫——独具匠心之奇遇佳酿

圣约瑟夫酒庄（Mas Saint Joseph）的主人百诺先生自小就对葡萄酒感兴趣，父亲和叔叔都在当地有名的酒庄工作，受他们的影响，25岁时的他便成为波尔多及勃艮第地区著名的品酒师。1979年，他移居美国洛杉矶，但大部分时间居住在北加州纳帕，从而有机会去体验当地的美酒风味。90年代初他又在加州这个著名产酒区度过了7年，这两次侨居加大了他对酒文化的认识。

最终他回到了法国，他从朋友手里买下了一块宝贵的葡萄园，开始了属于他个人的酒业生涯。这块仅有18公顷的老葡萄田，集中在肥沃的卵石地形上，加上地中海充足的阳光，独特的气候，能够生长出优质的葡萄。 他将毕生所学都投入到了这片葡萄园，他精心酿造出的葡萄酒，不在橡木桶中陈放，保留了酒的原香，酒体匀称，果味悠长。他的葡萄酒在美国也受到了好评，加州有名的星级酒店都能看见其葡萄酒的身影。他最杰出的一款酒"奇遇酿"，获得了法国多项大奖，他将此酒命名为"奇遇"，也意喻着自己在追求了一生的葡萄酒生涯中的经历。

圣约瑟夫酒庄奇遇酿

产地：罗讷河谷法定产区

级别：尼姆丘法定产区命名

葡萄种类：100% 西拉

植株年龄：55 年

采摘方式：纯手工夜间采摘

酿制方法：传统酿造方式

品评鉴赏：透明红宝石色，带浅橙色反射。 果香宜人，口感变化丰富，有明显的焦糖味道，入口非常柔顺，平衡，单宁优雅，整体伴随着紫罗兰花香，又稍带有法国南方气息的甘草与薄荷的芳香，以及黑醋栗、李子等水果味道，是一款挑战嗅觉的经典罗讷河谷红葡萄酒。

食品搭配：适宜与红色禽肉、野味、芝士搭配食用。

适饮温度：16℃—18℃

储藏年限：10 年

所获奖项：2004/2005/2006/2007年度多次获得《法国著名葡萄酒年鉴》奖励；2007年度获得《Gerbelle et Maurange著名葡萄酒指南》提名。

圣约瑟夫酒庄

产地：罗讷河谷法定产区

级别：尼姆丘法定产区命名

葡萄种类：50％歌海娜，30％佳丽酿 ，20％西拉

植株年龄：30年

采摘方式：纯手工夜间采摘

酿制方法：传统酿造方式

品评鉴赏：透明石榴红色，带浅橙色反射。坚果类香气宜人，伴随有法国南方气息的甘草味道，口感平稳，愉悦爽快。

食品搭配：适宜与所有红色禽肉烧烤搭配食用。

适饮温度：16℃—18℃

储藏年限：8—10 年

名贵产区的珍稀美酒

卡诺沃庄园

卡诺沃庄园（Château Canevault）自1800年获得法国农业金奖和双银奖后，硕果累累，出色的酒质和特色的建筑设计吸引了世界各国人士。一块3公顷的葡萄园内有一个庞大的地下人工酒窖，始建于罗马时代后期，硕特世家将其改变成一个独立生产、酿造、存储及展示的专业酒廊，地下常年恒温12℃，可以想象的到波尔多人对葡萄酒多么钟爱。

卡诺沃庄园

产地：波尔多法定产区

级别：特级波尔多法定产区命名

葡萄种类：80%美乐，10%品丽珠，5%赤霞珠，5%老藤

植株年龄：50 年

采摘方式：纯手工采摘

酿制方法：传统酿制方式

品评鉴赏：鲜红色酒裙带有波尔多红反射，成熟的红浆果香，稠密的口感，略微加带着茶和丁香花的味道，口感圆润饱满，柔软的单宁充溢口中，香味四溢。

食品搭配：适宜与烤肉类，禽类及奶酪搭配

适饮温度：18℃—20℃

储藏年限：10—20年

卡诺沃庄园弗龙萨克

产地：波尔多

级别：弗龙萨克法定产区命名

葡萄种类：80%美乐、10%品丽珠、5%赤霞珠、5%老藤

品评鉴赏：浓郁的水果香气，有黑莓、樱桃、覆盆子，同时还混合着香草、摩卡和烤面包的味道，复杂而有力，如丝般的单宁温柔地刺激着口腔。这是一款令人难忘的干红，可以存放3—4年，甚至15年，发展出更多的风味。

食品搭配：搭配法式芝士、带酱汁的野味、烤肉和铁板肉。

适饮温度：18℃—20℃

储藏年限：10—20年

大教堂庄园——与教皇同饮一瓶酒

大教堂庄园（Chateau De La Grande Chapelle）位于波尔多东北处一个名叫卡娜岛的圆形高地上，卡娜是希腊神话中的农业女神，受周围村民的供奉，由于这片土地自来被人们认为是一块肥沃的圣地，所以便用农业女神的名字来给它命名。大教堂庄园始建于公元12世纪，原本是中级教士的修道院，教士认为这片神圣的土地一定会生产出优良的葡萄酒进献给教皇，便开始种植葡萄。1771年在教皇亚历山大三世的谕旨中记载，

"由于这里良好的地理位置和土壤，被封为重要的葡萄园圣地，生产的葡萄酒连教皇都为之动容，成为教皇特供"。居住在这里几个世纪的专业葡萄种植世家——利奥达家族精心照顾着这块仅有26公顷的珍贵土地。利奥达先生本人也是特级波尔多葡萄酒联盟会的代表，是在波尔多地区有一定影响的高级酿酒师，庄园知名度和大教堂葡萄酒的酒品相互辉映，得到了众多专业人士与机构的认可和赞赏。此款特级波尔多出自庄园最好的葡萄生产分区采摘酿造，其酒体色泽与口感的质量令人赞叹。

大教堂庄园

产地：波尔多法定产区

级别：特级波尔多法定产区命名

葡萄种类：70%美乐，30%品丽珠

采摘方式：纯手工采摘

酿制方法：四分之一的酒置于新橡木桶陈放12个月；四分之一的酒置于一岁橡木桶陈放12个月；四分之一的酒置于两岁橡木桶陈放12个月；四分之一的酒置于三岁橡木桶陈放12个月。

品评鉴赏：荣获《Dussert & Gerber著名葡萄酒指南》最高五星奖励，被评为不可错过的波尔多顶级葡萄酒。其色泽鲜红，芬芳扑鼻，蕴含着细腻的橡木桶香气与香草味道，成熟的单宁更使口感柔顺，酒体结构精致、典雅，回味持久，是一款可以长时间窖藏的波尔多精品。

食品搭配：适宜与各种红肉类，及奶酪搭配。

适饮温度：18℃—20℃

储藏年限：10—25年

大教堂庄园至尊酿

葡萄种类：45%美乐，50%赤霞珠

级别：特级波尔多法定产区命名

品评鉴赏：这是一款复杂，不断变化，需要细细品尝的干红，闻香的时候，有浓郁的木质和浆果香气，例如葡萄干、黑莓和樱桃，入口后散发出黑色浆果、甘草、少许火石和土壤的味道，丰富的单宁带来强壮有力的结构感。

食品搭配：适宜搭配口味浓重的芝士、红肉、鸡肉和飞禽。

适饮温度：16℃—18℃

储藏年限：15年

夏特莱雅庄园——十余种法定命名

早在公元8世纪时，夏特莱雅庄园（Chateau Du Chatelard）已经开始有了葡萄树的种植。那时的夏特莱雅庄园是马孔伯爵的领地，为了扩大自己的势力范围，他下令用人力或牲畜从远处运来土块，以扩充自己的土地，耗费了巨大的人力和财力，并建立一座叫"波耶·夏特莱雅"的封建时代城堡。正因为当时的土地大搬运，使得夏特莱雅庄园的土地变成现在独特的质地：石灰石、沙砾和黏土的混合结构，也正是因为这种特殊土地，让我们能品尝到夏特莱雅庄园博若莱和勃艮第的极品白葡萄酒。口感丰富而芳香，酒品细致而绵长。

那个时期只种植霞多丽一种葡萄。夏特莱雅庄园庄园主罗杰先生研究出另外两种适宜葡萄生长的土壤，沙砾花岗岩混合土壤和沙泥，不同土壤种出的葡萄酿制的酒都有它自己的特点。在这仅20公顷的葡萄园里，却有十余种

著名法定命名葡萄酒的酿酒葡萄，有些葡萄植株年龄甚至超过100年。他们采用手工采摘方式加上改良过的传统酿造方法酿制出的葡萄酒，产量稀少，却多次获得法国以及国际多项大奖，深受葡萄酒爱好者的喜爱。

夏特莱雅庄园博若莱

级别：博若莱法定产区命名

葡萄种类：100% 佳美

植株年龄：85年

采摘方式：纯手工采摘

酿制方法：低温长时间发酵为提取出更多的果香味道

品评鉴赏：和谐与友谊的象征，保持了原有的新鲜、柔软的水果香气，另带有一些小黑果的味道。

食品搭配：是朋友相聚的上等配酒。

适饮温度：12℃—16℃

储藏年限：5—10年

夏特莱雅庄园博若莱村庄

产地：博若莱

级别：博若莱村庄法定产区命名

葡萄品种：100%佳美

植株年龄：85年

采摘方式：传统手工采摘

品评鉴赏：浓重的红黑水果香，单宁平衡，口感醇厚。

食品搭配：适合与红白肉类、家禽类和奶酪食品搭配。

适饮温度：13℃—15℃

储藏年限：15年

夏特莱雅庄园干白

产地：勃艮第

级别：勃艮第法定产区命名

葡萄种类：100% 霞多丽

植株年龄：103年

采摘方式：纯手工采摘

酿制方法：传统酿制后，经过8个月陈酿

品评鉴赏：一片特殊的土地，培养着稀有的勃艮第霞多丽百年老葡萄藤，充满了白花，梨与茶的香气，入口愉悦，后带有微微的烧烤与矿石的芬芳，回味甜美而持久。

食品搭配：可与开胃品、鱼类、奶油类食品、奶酪及甜点等搭配。

适饮温度：14℃—18℃

储藏年限：10—20年

夏特莱雅庄园风磨

产地：博若莱法定产区

级别：风磨法定产区命名

葡萄种类：100% 佳美

植株年龄：59年

采摘方式：纯手工采摘

酿制方法：传统酿造方式

品评鉴赏：口感强劲，酒体饱满而平衡，单宁独特，结构丰富，多年窖藏后还能保持原有的浓郁果香，是一款优质醇厚的博若莱红葡萄酒。

食品搭配：适宜各种不同烹饪方式的肉类或野味，还有法式奶酪。

适饮温度：14℃—16℃

储藏年限：10—20年

夏特莱雅庄园福乐里

产地：博若莱

级别：福乐里法定产区命名

葡萄品种：100%佳美

植株年龄：75年

采摘方式：传统手工采摘

酿制方法：三次葡萄筛选，空气压榨机压榨。

品评鉴赏：单宁和谐迷人的红水果酒香，酒体平衡，口感醇厚，陈放后饮用最佳。

食品搭配：适合与红肉类、家禽类、奶酪、巧克力甜点、印度餐和辣味食品搭配。

适饮温度：12℃—15℃

储藏年限：15年

夏特莱雅男爵——限量酿造

夏特莱雅男爵（Baronne Du Chatelard）为夏特莱雅庄园的特级品牌，由家族新一代继承人罗杰先生管理，其命名均为博若莱与勃艮第著名法定产区命名，限量酿制，均在世界各大知名酒店销售。其中著名的巴黎红磨坊酒单中可以见到夏特莱雅男爵圣爱（Saint-Amour）的身影。庄园主罗杰先生以重视遵循大自然规律来栽培和维护这些百年古藤。他说道："我的父母继承给我的不是一片土地，而是让我继承如何再把它传给我的子孙后代。"

夏特莱雅男爵墨贡
产地：博若莱法定产区
级别：墨贡法定产区命名

葡萄种类：100% 佳美

植株年龄：72年

采摘方式：纯手工采摘，两次手工挑选

酿制方法：传统工艺酿造

品评鉴赏：色泽深红，口感强劲，保留着果壳类水果的味道，酒体饱满而平衡，结构丰富，充分表现出土地赋予墨贡的独有魅力。

食品搭配：适宜与各种不同烹饪方式的肉类或野味，还有法式奶酪。

适饮温度：16℃—18℃

储藏年限：10—20年

夏特莱雅男爵圣爱

产地：博若莱法定产区

级别：圣爱法定产区命名

葡萄种类：100% 佳美

植株年龄：82年

采摘方式：纯手工采摘，两次精心筛选

酿制方法：传统酿造方式，长时间发酵，加陈酿。

品评鉴赏：优美的酒裙，圆润，和谐，嗅觉与口感的平衡已达到完美无缺，丰富的香味配合着饱满的酒体，结构有序，回味持久，在品酒中感到无限愉悦。

食品搭配：适宜各种不同烹饪方式的肉类或野味，还有法式奶酪。

适饮温度：14℃—16℃

储藏年限：10—20年

夏特莱雅男爵勃艮第干红

产地：勃艮第

级别：勃艮第法定产区命名

葡萄种类：100%黑品诺

品评鉴赏：漂亮的宝石红色，精致复杂的香气，红色水果、覆盆子、鲜花、一点点烟草的味道。柔软而有结构感的单宁，高雅细致，回味悠长并伴随果香，有很好的平衡感。

食品搭配：适宜搭配红肉、鸡肉、芝士、巧克力甜点、印度菜系和香辣菜。

适饮温度：14℃—16℃

储藏年限：10年

夏特莱雅男爵普宜

产地：博若莱

级别：普宜法定产区命名

葡萄种类：100%佳美

品评鉴赏：有精致的红色水果、樱桃之类的香气，入口柔顺，轻柔的单宁给口腔带来天鹅绒般的丝滑，口感平衡，单独饮用或配餐都有不错的效果。

食品搭配：非常适合鸡蛋红酒沙律、海鲜、鱼汤和带酸辣汁的小牛肉。

适饮温度：12℃—14℃

储藏年限：10年

夏特莱雅男爵布礼福斯

产地：博若莱

级别：布礼福斯法定产区命名

葡萄种类：100%霞多丽

品评鉴赏：淡黄色调，银色亮光，酒体清澈透亮。清爽活泼的柠檬和西柚香气，伴随着烤面包和松露的味道。口感清爽，少许油脂感，酒体饱满，收口带少许咖喱和姜黄之类的香料味道。这款香气复杂、酒体丰满的干白适合储存一段时间后饮用。

食品搭配：适合搭配炒松露、菌类、硬质奶酪、砂锅小牛肉、淡菜、青口、金枪鱼寿司、烧鸡。

适饮温度：11℃—13℃

储藏年限：10年

凯帝菲庄园——提前一年预定

罗曼与万桑兄弟为凯帝菲庄园（Chateau Les Quatre Filles）福莱雅家族第四代酿酒继承人，家族事业从1715年开始，庄园意名为"四美娇庄园"，因为罗曼与万桑兄弟的祖母有三个美丽漂亮的姐妹，分别嫁给当地的贵族，由此为庄园增色不少。

福莱雅家族拥有罗讷河畔40多公顷的葡萄园，其中凯安为罗讷河谷村庄级最著名的产区，酒质可与名贵葡萄酒媲美。好的品质，让葡萄酒供不应求，需要提前一年预定才会保障一定量的需求，大量出口英美两国，几乎都是在年初第一次灌瓶后就所剩无几了。

凯帝菲庄园

级别：罗讷河谷法定产区命名

葡萄种类：50%歌海娜、40%西拉、10%佳丽酿

植株年龄：50年

采摘方式：纯手工采摘

酿制方法：传统工艺酿制

品评鉴赏：整个庄园属于绿色种植园，无任何污染，酒色为晶莹剔透的深红宝石色，伴随着红浆果与香料的香浓味道，口感圆润饱满，单宁平衡，是一款有成熟果味的罗讷河谷红葡萄酒。

食品搭配：适宜与各种肉类及面条类食品搭配。

适饮温度：14℃—18℃

储藏年限：8—10年

凯帝菲庄园凯安

产地：罗讷河谷法定产区

级别：罗讷河谷村庄法定产区命名—凯安

葡萄种类：70%歌海娜，30%西拉

植株年龄：50年

采摘方式：整个庄园属于绿色种植园，无任何污染，纯手工采摘

酿制方法：传统工艺酿制，经橡木桶长时间陈酿

品评鉴赏：酒色为浓郁的深红色，加带紫红色反射。伴随着桑葚、黑莓与野李子的香浓味道。口感丰富紧密，果味十足，口感平衡，圆润，优雅。

食品搭配：适宜与小牛肉，鸭鹅类及野禽类搭配。

适饮温度：14℃—18℃

储藏年限：10—15年

凯帝菲庄园罗诗奇

产地：罗讷河谷

级别：罗讷河谷村庄罗诗奇法定产区命名

葡萄种类：50% 歌海娜，50% 西拉

品评鉴赏：浓郁的宝石红色调，迸发出水果和香料的味道，入口柔顺，有很好的表现。至少要存放五年以上，让酒体更加的圆润，发展出更多的风味。

食品搭配：搭配带酱汁的野味、羊肉、白肉、麻辣豆腐、北京烤鸭、烤羊肉串、韩式烧烤、炒牛肉。

适饮温度：16℃—18℃

储藏年限：10—15年

拉图酒庄——非名庄确是精品

拉图酒庄（Domalne De La Tour）建于1212年，原是法国国王腓力四世手下最得力的大将诺加雷的城堡和私人葡萄园，他请有名的酿造师来为自己酿造专有的葡萄酒。为了保护这份宝贵的历史遗产，延传传统酒文化，酿酒世家凯巴勒家族接管了这片葡萄地，父子二人以传播酒文化为主，扩建了酒窖和种植园，酿制出多款葡萄酒精品，获得多项地区及国家酒业大奖，因此在酒界颇有名气。 按照法国相关法律依据，本地区还没有享受到法定产区划分，所以拉图酒庄不能享受城堡命名，但是葡萄酒质量已远远超出AOC法定酒。现在，正是由于有了拉图酒庄优质的葡萄酒园，于泽公爵地区即将进入到AOC法定产区当中。届时，他们会带来更多的拉图佳酿。庄园主凯巴勒先生将带着古堡的神秘面纱，向我们展现法国酿酒的精湛技艺。

拉图酒庄赤霞珠

产地：朗格多克—鲁西永产区

葡萄种类：100%赤霞珠

植株年龄：20年

采摘方式：手工采摘

酿制方法：传统方式酿造后，置大桶内陈放12个月。

品评鉴赏：深红宝石色，经橡木桶酿制后使其酒香变化丰富，带有烤咖啡和香料味道。口感饱满，结构平衡，品尝时深吸入鼻，尽能展现出由橡木桶带来的柔和之感。

食品搭配：适宜与法式奶酪、烤肉、炖肉、煎炸食品等搭配。

适饮温度：15℃—18℃

储藏年限：5年

拉图酒庄美乐

产地：朗格多克—鲁西永产区

葡萄种类：100% 美乐

植株年龄：25年

采摘方式：手工采摘

品评鉴赏：酒体适中，呈深红色，散发着熟红果和辛辣香料的味道，让人回想起法国南部灌木的草香，同时带有美乐原有的胡椒和肉豆蔻味道。口感和谐，伴随着成熟的单宁味。

食品搭配：适宜熏烤红肉类，野味肉和法式羊乳干酪。

适饮温度：15℃—18℃

储藏年限：5年

拉图酒庄霞多丽

产地：朗格多克—鲁西永产区

葡萄种类：100% 霞多丽

植株年龄：10年

采摘方式：手工采摘

酿制方法：精选上等葡萄汁酿造后，置新橡木桶内陈放8个月。

品评鉴赏：浅麦金色酒裙中带有绿色反射，伴随着烤面包和香草味，口感柔顺，回味持久。

食品搭配：此酒可替代开胃酒，又能很好的伴随贝类、鱼类及煮肉类等食品一同享用。

适饮温度：12℃—15℃

储藏年限：5年

拉图酒庄桃红

产地：朗格多克—鲁西永产区

葡萄种类：40%西拉、60%歌海娜

采摘方式：手工采摘

酿制方法：区分葡萄品种后经自动恒温发酵箱酿制

品评鉴赏：明亮的玫瑰红色，柔软的酒体中蕴含有水果的香甜，口感饱满。

食品搭配：需冰镇后饮用，搭配冷盘、色拉、简单的菜或意大利面，也可做开胃酒。

适饮温度：8℃—12℃

储藏年限：3年

拉图酒庄干红

产地：朗格多克—鲁西永产区

葡萄种类：45%赤霞珠，55%美乐

采摘方式：手工采摘

品评鉴赏：酒味醇厚有力，经完美陈化后，单宁成熟，酒体丰盈，酒质卓越。

食品搭配：适宜各种不同烹饪方式的肉类或野味，还有法式奶酪。

适饮温度：16℃—18℃

储藏年限：8—10年

拉图酒庄珍藏酿

产地：朗格多克—鲁西永产区

葡萄种类：75%赤霞珠、25%美乐

采摘方式：手工采摘

品评鉴赏：呈现均匀过度的暗红色，伴随烧烤后青椒及成熟黑果的香气，单宁柔软，酒体结构有序，入口回味悠长，是一款既可现饮又能窖藏的好酒。

食品搭配：适宜与小牛肉、鸭鹅类及野禽类食品搭配。

适饮温度：18℃

储藏年限：8—10年

哥伦比酒庄——上乘的卡奥尔红酒

哥伦比酒庄（Clos Du Colombier）地处大西洋、皮海内和地中海三地交界的黄金地段。庄园主科洛德先生重视遵守大自然的生长规律，给葡萄以良好的生长环境，使得葡萄酒的酿造有了一个良好的基础。适宜葡萄生长的气候加上独特而传统的酿造技术，这一天时、地利、人和的巧妙搭配，为我们奉献了这款上乘的卡奥尔红酒。

哥伦比酒庄

产地：西南

级别：卡奥尔法定产区命名

葡萄品种：100%马尔贝克

植株年龄：30年

采摘方式：纯手工采摘

酿制方法：传统手工酿制

品评鉴赏：暗红色，带挂杯，有黑果香味，酒体平衡，具有传统西南酒的特色。

食品搭配：适合与奶酪、烤肉、红肉等食品搭配。

适饮温度：15℃—17℃

储藏年限：10年

拉沃尔酒庄——四代相传的酿酒世家

马尔贝克，众多新世界所追捧的葡萄品种；卡奥尔法定产区，法国西南产区黑酒的发源地；拉沃尔酒庄（Domaine De Lavaur）是将黑酒表达得栩栩如生的最传统的本土家庭酒庄。 面积仅13公顷的拉沃尔酒庄，已是一个相传四代的酿酒世家，在当地享有高度声誉。拥有一等含碱黏土地葡萄园，加上庄园主人伊夫·戴尔派克先生传统精湛的酿酒手法，用最好的橡木桶陈酿自己最好地势的葡萄酒，经过两年的陈放，至尊酿——一款典雅精致的卡奥尔干红就这样诞生了。当然，好酒还得配上当地的美食，伊夫酿酒的灵感更多归功于他会做鹅肝的好妈妈，去过他们酒庄的朋友们都会说，如果他们每天都能吃上这些当地美味鹅肝的话，他们也会是好的酿酒师了。无论怎么说，拉沃尔酒庄的至尊酿是一款名副其实的上等美酒。

拉沃尔酒庄

产地：西南

级别：卡奥尔法定产区命名

葡萄品种：100%马尔贝克

品评鉴赏：黑红色酒体，带深红色挂杯，高雅的橡木桶香，有黑果香味，口感平衡，具有传统西南酒的特色。

食品搭配：适合与奶酪、烤肉、红肉等食品搭配。

适饮温度：16℃—18℃

储藏年限：20年

西蒙古堡——派莱特的柏图斯园

普罗旺斯的派莱特产区应该是法国最小的法定产区，23公顷的面积，其中17公顷属于西蒙古堡（Chateau Simone），剩下的都是围绕葡萄园的松林地带。同时，这也是法国最古老的酒庄之一，葡萄园里至今还种植着一些无法考证的葡萄品种。

　　16世纪，僧侣们在此修建了酒庄并挖建了一个地下酒窖，17世纪，罗杰尔家族买入，1948年更名为现在的西蒙古堡，现在由罗杰尔家族的第八代主持。古堡在艾克斯小城的东面，是一座带喷泉的宏伟城堡，风景优美，成为当地的旅游胜地。

　　葡萄园建立在陡峭的石灰石山坡上，在茂密的松林保护下，这里形成了一个相对凉爽的小气候，能酿造出精致典雅的葡萄酒。19世纪根瘤蚜病之后，重新种植的葡萄园保持着自然种植法，园中处处可见有百年历史的老藤，宁可限制产量，也要让果实摄取到更多的营养物质。

　　严格的手工采摘和分选葡萄，使产量极度有限。再加上传统的酿造工艺，给酒带来超细腻的风格。地下酒窖完美的湿度和温度，非常适合酒的陈酿，各种物质随时间完美地结合在一起。

　　这里倾注了罗杰尔家族几代人的爱、热情和对土地的尊重，酿造出独特的佳酿，演绎着传统法国酒的精髓，被誉为派莱特的柏图斯和白马庄园。翻开古堡的留言簿，会发现很多名人留下的赞美之词。

西蒙古堡干红

产地：普罗旺斯

级别：派莱特法定产区命名

葡萄种类：歌海娜、慕维德、神索和西拉

品评鉴赏：亮丽的宝石红色，成熟的水果香气后面不断浮现梅子、松露、肉桂、松香、木质的香气。入口之后，圆润的感觉不断冲激着口腔，如丝一般顺滑的单宁、果香、酒的醇香所有的元素完美地结合在一起，是一款迷人、优雅的干红。

食品搭配：适宜搭配铁板羊肉、炖肉、烤猪肉。

适饮温度：18℃

储藏年限：10—20年

西蒙古堡干白

产地：普罗旺斯

级别：派莱特法定产区命名

葡萄种类：克莱雷特、白歌海娜、白玉霓、布尔布兰、白麝香

品评鉴赏：淡金黄色，略带绿光。雅致的香气，有椴树花、洋槐、梨、蜂蜜和香草。入口后饱满圆润、平衡，伴随着花香和一点点烤面包的香味，回味悠长、愉悦、清爽。

食品搭配：适宜搭配普罗旺斯酿肉、意式生牛肉片、鱼、烤肉、土豆泥、蔬菜。

适饮温度：8℃—10℃

储藏年限：10—20年

西蒙古堡桃红

产地：普罗旺斯

级别：派莱特法定产区命名

葡萄种类：歌海娜、慕维德、神索、西拉

品评鉴赏：对于桃红葡萄酒爱好者来说，西蒙古堡的桃红毫无疑问是一款不可抗拒的佳品，迷人的色调、果味充沛、入口圆润且轻盈，早期饮用或者储存一段时间后再饮用都可以让人感受到愉悦，是普罗旺斯最好的桃红。每年评分都是满分。

食品搭配：可搭配油炸鱼块、甜椒酿肉、蒜味炸鱿鱼。

适饮温度：10℃—12℃

储藏年限：10—15年

爱丽丝酒庄——诗南葡萄的最佳产地

卢瓦尔河谷，是法国曾经的政治、文化中心和宫廷所在地，法兰西最具贵族气息、最浪漫优雅的地方，是法国第三大葡萄酒产地。爱丽丝酒庄（Domaine Desiris）来自子产区——安茹产区，这里有多变的地形，繁多的葡萄品种以及多元的葡萄酒酿制法，是诗南葡萄的最佳产地。

1998年，约瑟夫先生购入这个世代相传的古老酒庄，并于2008年成为最大股东。爱丽丝酒庄拥有30公顷的葡萄园，种植赤霞珠、品丽珠、诗南、霞多丽等，酿造出多样的产品可供选择。爱丽丝酒庄的历任经营者都秉承传统的酿造方法和对土地的尊重，一直保持着高水准。近几年，酒庄引进先进的跟踪技术，让每棵葡萄藤从结果、酿造到装瓶都能被检索到。

在传统和新科技的结合下，爱丽丝酒庄在国际和国内赢得众多奖项，2008年巴黎金奖和比利时布鲁塞尔的银奖，2008年和2009年法国葡萄酒年鉴特别推荐酒等。

爱丽丝酒庄干红

产地：卢瓦河谷

葡萄种类：赤霞珠、品丽珠

级别：安茹法定产区

适饮温度：16℃—18℃

储藏年限：10年

食品搭配：适宜搭配烤肉、家禽、熟食和轻芝士。

品评鉴赏：新鲜的宝石红色调，轻柔细致的水果香气，有覆盆子、黑加仑子的香味，入口细腻平衡、爽快。

爱丽丝酒庄干白

产地：卢瓦河谷

葡萄种类：诗南

级别：安茹法定产区

适饮温度：16℃—18℃

储藏年限：10年

食品搭配：适宜搭配贝类海鲜、河鱼、烤鱼、芦笋。

品评鉴赏：是一款清爽型的安茹干白，新鲜爽口，带着苹果和柑橘类植物的香气。

鎏法世家葡萄园

　　鎏法世家（Vigne Du Jardin De L.F.）是一个著名的法国家族品牌，于20世纪初由桔卡女士创建并流传至今。桔卡女士的后花园中近3公顷的葡萄园种植出的葡萄，如今酿造出一款特别珍藏酒，这款酒是为了纪念中国的皇亲国戚——末代皇帝的亲弟弟溥杰老先生而酿造的，取名为感恩酿。

鎏法世家葡萄园感恩酿干红

产地：朗格多克鲁西永产区命名

级别：车库酒

葡萄种类：70%赤霞珠、30%美乐

采摘方式：由酿酒者手工采摘

食品搭配：适宜与红肉类及口味较重的奶酪搭配。

适饮温度：18℃

储藏年限：15—20年

酿制方法：传统工艺手工酿造

品评鉴赏：需醒酒，深红色酒裙带有鲜红反射，成熟的红浆果香，芬芳扑鼻，稠密的口感，蕴含着细腻的橡木桶香气与香草味道，成熟的单宁更使口感柔顺，香味四溢。酒体结构精致，典雅，回味持久。

数量：2800瓶

TIPS

法国独立酿酒者联合会

法国独立酿酒者联合会是法国最知名的葡萄酒专业权威机构。在国内外葡萄酒业享有崇高的地位，其特点在国际上广为人知。所有加盟酒庄、庄园和城堡必须是小规模独立生产者，在这一领域，只有酿酒世家和经验丰富的酿酒者才具备。由于受到法定产区划分和联合会公约的限制，每个酿酒者只能经营自己土地范围上的葡萄产品，从种植、采收、酿酒、装瓶到品尝，必须经由本庄园独立完成，控制极其严格，所以产量有限，葡萄酒的品质超群。经过独立酿酒者的辛勤劳动，把个性化的酿酒风格与品味融入酒中，让品酒爱好者可以更好地寻找到葡萄酒生命价值的所在。因其有特色的传统酿酒工艺，法国独立酿酒者成员在各种葡萄酒刊物指南和品酒竞赛中屡获大奖，每款酒均被视为一件不可多得的艺术珍品。

葡萄酒术语表

字母顺序

A

Acidity　酸度
After-flavor　余香
Agreable　惬意的
Amber　琥珀色
Aroma　果香
Aromatic　果香的
Aggressive　过激
Aromatic　芳香的
Astringent　收敛感

B

Baked　炙烤感
Barrel　橡木桶
Balance　平衡感
Big　雄壮
Bitter　苦感
Blind tasting　盲品
Body　酒体
Bouquet　酒香

Botrytis　贵族霉
Brix　波利糖度
Brilliant　闪亮的
Brut　绝干
Butyric　坏奶油味的

C

Caramel　焦糖味
Champagne　香槟
Casky taste　橡木桶味
Carbon dioxide　二氧化碳
Character　典型性
Cider　苹果汁味
Clean　纯净的
Cloudy　浑浊的
Cooked taste　蒸烤味
Coarse　粗糙
Complex　复杂的
Corky　软木塞味
Crisp　爽快的

D

Deep　深邃
Delicate　雅致
Dessert　甜葡萄酒
Dry　干型
Doying　滞重
Dull　呆滞

E

Earthy　泥土气息
Elegant　优雅
Estate-bottled　产地灌装
Ethyl alcohol（LP）　纯的酒精

F

Fat　丰满
Fermentation　发酵
Feminine　女性魅力的
Finish　后味、收结
Firm　结实
Fine　细腻的
Flabby　松散
Flat　寡淡
Flor　福洛酵母
Flowery　花香
Fortified wine　加强葡萄酒

Forceful　强劲的
Forward　早熟
Fragrant　芳香、馥郁
Fresh　新鲜的
Full body　酒体丰富
Fruity　果香
Free run wine　自流酒

G

Gar net red　石榴红色
Gentle　轻柔、温和、舒畅、不强劲
Generic　衍名
Grand cru　列级
Green　青涩的
Generous　浓烈
Golden colour　金黄色
Great　佳酿
Gritty　有渣子

H

Hard　干硬、干型的
Harsh　粗糙的
Harmonious　协调的
Heady　上头的
Hedonistic　享受
Herbaceous　香草味
Heavy（4A）　酒精含量多、浓郁

I

Intensity　强度

L

Legs　挂杯
Length　余味
Light　轻盈的
Limpid　清澈的、澄清的
Lively　充满活力的

M

Mellow　圆熟
Metallic flavour　金属味
Mouldy taste　霉味
Mousiness　鼠味

N

Nose　闻

O

Oak　橡木
Off dry　半干
Orange tint　橙色色调

P

Palate　味觉
Pale rose　洋葱皮色
Pale wine　淡色葡萄酒
Pasty doughy　浆状的、糊状的
Phar maceutical taste　药味
Port　波特酒
Pricked　尖刺感
Putrid　腐烂的

R

Red wine　红葡萄酒
Rancio taste　哈味
Rich　饱满的、馥郁的
Round　圆润的
Ruby　宝石红

S

Salty　咸的
Sensory evaluation　感官评价
Sight　看
Smoke taste　烟味、烟熏味
Sour sweet　酸甜的
Stale　走味的、沉滞的
Subtle　精妙的
Sulphur taste　硫酸味、二氧化碳味

Soft　柔顺的、平滑的、柔软的

Sparkling　起泡酒

Spicy　辛辣的

Sweet　甜

T

Tannin　单宁

Taste　品尝

Tart　酸的、尖酸的

Taste of lees　酒渣味

Tastevin　不透明品尝杯

Terroir　风土条件

Thin　单薄的

Turbid　混浊的

U

Unbalanced　不平衡的

Unctuous　肥厚的、丰满的

V

Varietal flavour　品种风味、品种特征

Velvety　天鹅绒般的

Violet　紫罗兰

W

Well—balanced　平衡良好的

Wine taster　品酒师、品酒员

White wine　白葡萄酒

Wine　葡萄酒

特别鸣谢：

富隆酒业、北京富隆酒膳、咏萄Everwines、美国加州餐酒协会、法国香槟协会、文津国际景葡萄酒俱乐部